AF461737

Reptiles.

Texte. mq. Pag. 81 et suivantes.

Planches. Reptiles Sauriens. mq. Planches 4 à 8, explic. de la planche 9, planches 12, 13, 15, 17, 18, 20, 23 à 29, 31 à 36, 38, 39, 41 et suivantes.

Emydosauriens. mq. Explication de la planche 1, planches 2 et suivantes.

Chéloniens. mq. Planches 3 et suivantes.

Reptiles ophidiens. mq. Planches 1 à 4, explication de la planche 5, planches 6 et suivantes.

Reptiles Plezosauriens. mq. Planches 2 et suivantes.

L'ORGANISATION

DU

RÈGNE ANIMAL

PAR

ÉMILE BLANCHARD

~~LIVRAISON~~

REPTILES.

Livraisons 1re-10.

FÉVRIER 1852-1861

A PARIS

CHEZ L'AUTEUR, 161, RUE SAINT-JACQUES

CHEZ VICTOR MASSON
17, PLACE DE L'ÉCOLE DE MÉDECINE.

CHEZ J.-B. BAILLIÈRE
19, RUE HAUTEFEUILLE.

CLASSE DES REPTILES.

(*REPTILIA.*)

CONSIDÉRATIONS GÉNÉRALES.

Dans les limites adoptées aujourd'hui par le plus grand nombre des naturalistes modernes, cette classe forme un ensemble extrêmement naturel, surtout si l'on a en vue principalement les espèces vivantes.

Les Reptiles sont les animaux vertébrés dont le corps est revêtu d'un épiderme écailleux et qui ont le sang froid et la respiration aérienne dès la naissance. Ils sont pourvus de poumons, comme les Mammifères et les Oiseaux; mais leur appareil circulatoire est conformé de telle manière qu'une partie du sang veineux se mêle au sang artériel sans avoir traversé l'organe respiratoire, le cœur ne présentant qu'un seul ventricule, dans lequel s'ouvrent les deux oreillettes. Souvent ils ont des membres propres à la locomotion, analogues à ceux des Mammifères; de là le nom de *Quadrupèdes ovipares* si ordinairement appliqué à ces animaux à une époque déjà un peu éloignée de nous. Ils se reproduisent par génération ovipare ou ovovivipare; ils ne subissent jamais de métamorphose après leur sortie de l'œuf.

Les Reptiles actuellement vivants sont très-médiocrement nombreux en espèces. En 1834, MM. Duméril et Bibron n'en comptaient, dans la collection du Muséum d'histoire naturelle de Paris, sans doute la plus riche qui existe, que 656 espèces (1). Aujourd'hui le chiffre de toutes les espèces connues ne paraît pas devoir être porté à plus de 1,200 à 1,500. Comme on le voit, c'est encore fort restreint, comparativement à la plupart des autres classes du règne animal. Quand il s'agit de la classe des Insectes, notamment de l'ordre des Coléoptères, les familles qui n'ont pas plus de représentants dans nos collections sont réputées de petites familles. Les grandes en comptent quatre, six, huit mille et au delà. Les Reptiles vivants appartiennent aussi à des types assez peu variés; mais les espèces des différentes périodes géologiques augmentent beaucoup les types de grandes divisions.

(1) Les Batraciens ne sont pas compris dans ce nombre

*

Il est curieux de suivre la marche de la science touchant l'appréciation des affinités que présentent entre eux tous ces animaux. Ce n'est pas du premier coup que les zoologistes sont arrivés à classer les Reptiles d'une manière naturelle. Les rapports et les différences qui existent entre ces êtres furent presque totalement méconnus par les auteurs du siècle dernier et souvent encore par les classificateurs du siècle actuel.

Pour Linné (1), les Reptiles appartenaient à la classe des Amphibiens, et cette classe comprenait trois ordres : les Serpents, qui n'ont pas de pattes; les Reptiles, qui en sont pourvus, et les Amphibiens nageurs, c'est-à-dire la plupart des Poissons cartilagineux; mais ceux-ci ne figuraient à côté des premiers que par suite d'une erreur : un anatomiste, Garden, avait assuré à l'auteur du *Système de la nature* qu'il existait un poumon double chez ces animaux. Il avait pris pour un poumon une vessie natatoire bilobée.

En 1768, un médecin de Vienne, Laurenti (2), devenu célèbre dans la science par son ouvrage d'Erpétologie, rejetait les Tortues en dehors de la classe des Reptiles. Dans sa méthode, ce dernier groupe ainsi réduit se divisait en trois ordres : les Reptiles sauteurs correspondant aux Batraciens anoures des naturalistes modernes; les Reptiles marcheurs comprenant à la fois les animaux connus aujourd'hui sous le nom de Batraciens urodèles et de Sauriens, et enfin les Serpents, en y joignant les Cécilies, que les zoologistes de l'époque actuelle rangent parmi les Batraciens, les Amphisbènes, classés depuis, tantôt avec les Sauriens, tantôt avec les Ophidiens, tantôt encore dans un ordre particulier, et les Orvets (*Anguis*), qui appartiennent incontestablement à l'ordre des Sauriens.

En 1788, Gmelin, modifiant un peu la classification de Linné (3), reporte les Amphibies nageurs du naturaliste suédois parmi les Poissons, et met ainsi la classe des Reptiles dans les limites qu'on ne songea plus à modifier pendant près de trente ans.

A la même époque, de Lacépède présentait les Reptiles dans ces limites comme devant être partagés en quatre classes ou divisions primaires (4). Les caractères de ces groupes étaient choisis aussi arbitrairement que possible. Ainsi le *célèbre continuateur* de Buffon distinguait : 1° les Quadrupèdes ovipares qui ont une queue, et ce groupe renfermait les Tortues et les Lézards avec les Batraciens urodèles (Salamandres); 2° les quadrupèdes ovipares qui n'ont pas de queue, c'est-à-dire les Batraciens anoures (Grenouilles, etc.); 3° les Reptiles bipèdes, c'est-à-dire les Sauriens chez lesquels une paire de membres est avortée, et 4° les Serpents, en y comprenant, bien entendu, les Sauriens privés de membres.

Mais dix ans plus tard la classification des Reptiles faisait un progrès immense : elle devenait scientifique. Les caractères des grandes divisions étaient cette fois étudiés suivant les principes de la méthode naturelle. C'est à Alexandre Brongniart qu'appartient l'honneur de ce progrès (5). Il adopte quatre ordres dans la classe des Reptiles : le premier est celui des Chéloniens ou les Tortues; le second, celui des Sauriens ou les Crocodiles et les Lézards; le troisième, celui des Ophidiens ou les Serpents, mais

(1) *Systema naturæ*, editio XII (1767).

(2) *Specimen medicum, exhibens synopsin Reptilium emendatam cum experimentis circa venena et antidota Reptilium austriacorum*; Viennæ (1768).

(3) Linnæi *Systema naturæ* (1788).

(4) *Histoire naturelle des Quadrupèdes ovipares et des Serpents*, par le comte de Lacépède, t. I (1788) et t. II (1789).

(5) *Essai d'une classification naturelle des Reptiles*. — *Magasin encyclopédique*, p. 184 (1799); *Bulletin de la Société philomathique*, t. II, p. 81 et 89 (1799), et *Mémoires des savants étrangers de l'Institut*, t. I, p. 587 (1806).

en y joignant, comme Laurenti, les Orvets, les Amphisbènes et les Cécilies, et le quatrième, les Batraciens ou les Grenouilles et les Salamandres, dont les rapports si intimes étaient toujours restés méconnus jusqu'à cette époque, à cause de la présence d'une queue chez les uns, de son absence chez les autres.

Cette classification fut bientôt adoptée par la plupart des naturalistes, ainsi que les nouvelles dénominations appliquées aux ordres. Depuis longtemps ces noms de Chéloniens, de Sauriens, d'Ophidiens, de Batraciens, publiés pour la première fois il y a aujourd'hui un demi-siècle, sont tellement entrés, non-seulement dans la science, mais même dans le langage vulgaire, que maintenant en les prononçant on les croirait volontiers plus anciens que la science elle-même. Aussi ne sait-on guère pourquoi deux d'entre eux seulement se trouvent inscrits par l'Académie française au nombre des mots de notre langue.

Une fois tous les Batraciens groupés dans un même ordre, on en vint à s'apercevoir de plus en plus que ces animaux appartenaient à un type très-différent des autres Reptiles. Dès 1807, M. C. Duméril l'indique en quelque sorte en insistant sur la différence la plus essentielle qu'on remarque dans l'appareil circulatoire de ces Vertébrés, la présence de deux oreillettes au cœur chez les uns, l'existence d'une seule chez les autres; en insistant aussi sur l'absence de copulation chez les Batraciens et sur leurs métamorphoses après la sortie de l'œuf (1).

En 1811, un naturaliste bavarois, Oppel (2), publie une nouvelle distribution méthodique, dans laquelle cette classe ne se trouve divisée qu'en trois ordres : les *Testudinata*, correspondant aux Chéloniens de Brongniart; les *Squammata*, comprenant les Sauriens et les Ophidiens, et les *Nuda*, correspondant aux Batraciens. C'est là un arrangement qui mérite l'attention. En étudiant les Reptiles, le zoologiste est frappé, en effet, de voir combien les Chéloniens constituent un groupe isolé, et combien, au contraire, se lient étroitement les Sauriens et les Ophidiens, que les auteurs du siècle dernier regardaient toujours comme fort différents.

On avait toujours regardé la classe des Reptiles comme parfaitement naturelle dans les limites tracées, depuis Gmelin, par tous les erpétologistes. Cependant en 1816 un naturaliste peu connu, de Barbançois (3), dans le but de conserver à chaque grande division son homogénéité, proposa, le premier selon toute apparence, de séparer complétement des autres Reptiles ceux dont la peau est visqueuse, c'est-à-dire les Batraciens.

A la même époque, de Blainville considérait aussi les Reptiles comme devant constituer deux classes distinctes : l'une comprenant les Chéloniens, les Sauriens et les Ophidiens, l'autre les Batraciens. Appliquant à tous les groupes son système de nomenclature, de Blainville prit le nom de Squammifères pour les premiers, et celui de Nudipellifères pour les seconds, montrant le premier type comme lié aux Oiseaux, et le second aux Poissons.

A cela il faut ajouter que de Blainville n'adopta pas les divisions ordinales telles qu'elles étaient

(1) *Mémoire sur la division des Reptiles Batraciens en deux familles naturelles.*

(2) *Die Ordnungen, Familien und Gattungen der Reptilien, als Prodrom einer Naturgeschichte derselben*, von Michael Oppel; Munich (1811).

(3) *Observations pour servir à une classification des Animaux.* — *Journal de phys., de chimie et d'hist. nat.*, t. LXXXIII, p. 57.

admises avant lui. Il partagea bien aussi sa première classe en trois ordres, mais le premier seul est exactement celui des Chéloniens de Brongniart; le second, qu'il nomma l'ordre des Emydosauriens, est fondé avec raison pour les Crocodiles, considérés jusque-là simplement comme une famille de Sauriens; enfin, son troisième ordre est la réunion des autres Sauriens avec les Ophidiens, ordre qu'il divisa ensuite, à l'exemple d'Oppel, en deux sous-ordres correspondant aux deux groupes qu'il avait réunis en un seul (1).

Comme le montre l'étude de l'organisation, aussi bien que l'étude du développement, cette classification exprime infiniment mieux que les précédentes les degrés d'affinité offerts par les divers types rangés jusque-là dans la seule classe des Reptiles, et elle a surtout l'avantage d'exposer la valeur des groupes d'une manière plus conforme à la réalité; mais ce progrès ne devait être apprécié que plus tard.

Cuvier, dans ses deux éditions du *Règne animal*, publiées l'une en 1817, l'autre en 1829, adopta absolument la classification d'Alexandre Brongniart; il repoussa même cette amélioration si réelle introduite par Oppel qui consistait à séparer des Serpents les Orvets et les genres qui en sont voisins, pour les placer parmi les Sauriens.

En 1820, un naturaliste allemand, Merrem, présentait un arrangement méthodique des Reptiles très-analogue à celui de De Blainville (2); seulement il prit des noms différents. Or, comme ces dénominations ne sauraient être adoptées, il n'est guère utile de les mentionner ici.

En 1825, Latreille aussi, en traitant de la classe des Reptiles, suit une marche très-analogue aussi à celle tracée par de Blainville (3). Sous le nom de *Hémacrymes pulmonés*, il comprend l'ensemble des animaux désignés sous le nom de Reptiles, même jusqu'à notre époque, et partage ce groupe zoologique en deux classes : les Reptiles et les Amphibies, c'est-à-dire les Batraciens. Les Reptiles proprement dits sont placés ensuite dans deux sections : la première, les Cuirassés (*Cataphracta*), divisée en deux ordres, les Chéloniens et les Emydosauriens (Crocodiles); la seconde, les Écailleux (*Squamosa*), divisée en Sauriens et en Ophidiens.

Dans le même temps, les Reptiles proprement dits et les Amphibies ou Batraciens étaient considérés également par J.-E. Gray (4) comme les types de deux classes distinctes, et les premiers comme fournissant les types de cinq ordres : les Emydosauriens ou Crocodiles, les Sauriens, les Saurophidiens, c'est-à-dire les Sauriens à écailles imbriquées, les Ophidiens et les Chéloniens.

En Autriche, à la même époque, Fitzinger (5) présentait encore une répartition méthodique des Reptiles, très-analogue au fond à celle de De Blainville, mais avec les noms déjà répandus en Allemagne et une valeur attachée aux dénominations des groupes différente aussi de celle que nous leur attribuons d'ordinaire. Ainsi, dans cette classification, les Reptiles sont partagés en deux classes : les *Monopnoa*, c'est-à-dire les Reptiles proprement dits, et les *Dipnoa*, c'est-à-dire les Batraciens. Les premiers sont répartis ensuite dans quatre tribus : les *Testudinata* (Chéloniens), les *Loricata* (Crocodiles), les *Squammata* (Sauriens et Ophidiens) et les Nuda ou les Cécilies.

Un naturaliste qu'on cite souvent quand il s'agit de l'histoire des Reptiles, Wagler (6), a publié en

(1) *Prodrome d'une nouvelle distribution systématique du règne animal.* — *Bulletin de la Société philomathique*, 1816, p. 105; et *De l'organisation des animaux*, ou *Principes d'anatomie comparée*, t. I, tableau v (1822).

(2) *Tentamen systematis Amphibiorum*; Marburgi (1820).

(3) *Familles naturelles du règne animal.*

(4) *Annals of Philosophy.* — New series, t. X, p. 193.

(5) *Neue Classification der Reptilien*, von L. J. Fitzinger (1826).

(6) *Natürliches System der Amphibien*, von Dr John Wagler; Munich, 1830.

1830 une classification qui diffère un peu des précédentes. Se fondant principalement sur quelques considérations d'ostéologie, il a réparti les Reptiles en huit ordres; mais les trois derniers correspondent aux Batraciens. Les cinq qui représentent les Reptiles proprement dits sont les Testudinides, les Crocodiliens (*Crocodili*), les Lézards (*Lacertæ*), les Serpents et les *Angues* (genres *Chalcis*, *Amphisbæna*, etc.). C'est donc par la création de ce dernier ordre, qui comprend des types rangés tantôt avec les Sauriens, tantôt avec les Ophidiens, que l'arrangement présenté par Wagler appelle l'attention.

Peu après, M. Charles Bonaparte adopta les vues du zoologiste allemand (1). Dans sa *Distribution méthodique* des animaux vertébrés, nos Reptiles se trouvent classés dans trois sections correspondant exactement aux trois ordres de De Blainville : la première section, celle des *Testudinata*, comprend un seul ordre, celui des Chéloniens; la seconde, les *Loricata*, deux ordres : l'un, celui des Enaliosauriens, pour les fossiles des genres Ichthyosaure, Plésiosaure, etc., l'autre, celui des Émydosauriens de De Blainville, pour les Crocodiles; enfin, la troisième section, les *Squammata*, divisée en trois ordres adoptés dans les limites tracées par Wagler, les Sauriens, les Saurophidiens (*Angues* de Wagler) et les Ophidiens.

Depuis l'année 1834 se poursuit une œuvre vraiment considérable pour l'histoire des Reptiles. Au moment où nous écrivons, MM. Duméril et Bibron ont publié sept volumes qui contiennent la description de tous les Chéloniens et de tous les Sauriens connus jusqu'à l'époque de leur publication (2). Ces auteurs ont admis la classe des Reptiles avec l'étendue qui lui était donnée par Gmelin et qui fut conservée par la plupart des auteurs jusqu'à la période scientifique actuelle. Ils ont admis les ordres tels qu'ils ont été limités par A. Brongniart, tels qu'ils ont été adoptés par Cuvier, en rattachant toutefois aux Sauriens les Orvets et genres voisins, que ces naturalistes rangeaient parmi les Ophidiens. Dans ce grand ouvrage, les caractères de familles, de genres et d'espèces étant exposés avec détails et d'une manière très-comparative, on rencontre là beaucoup d'enseignements pour l'appréciation des affinités naturelles entre tous les types composant la classe des Reptiles.

Les auteurs méthodiques s'étaient presque toujours attachés exclusivement aux types vivants. Un ordre seulement avait été formé pour des animaux fossiles (les Enaliosauriens), placés avec les Sauriens par les naturalistes qui les avaient fait connaître. En 1835, de Blainville en vint à donner une importance zoologique plus grande à quelques-uns de ces types des périodes géologiques (3). Ainsi, après les Oiseaux, il forma une classe nouvelle (les *Pterodactylia*) pour les Ptérodactyles, rangés par Cuvier avec les Sauriens. Il adopta la classe des Reptiles divisée en Chéloniens, Plésiosauriens et Saurophidiens, ce dernier ordre comprenant l'ensemble des Sauriens et des Ophidiens : c'étaient les Bispéniens de sa classification de 1816 (4); enfin, il fit la classe des Ichthyosauriens, et mit à la suite celle des Amphibiens ou Batraciens.

Aux quatre classes d'animaux vertébrés admises depuis longtemps par tous les naturalistes, aux cinq classes de la *Distribution des Animaux* présentée par de Blainville en 1816, deux nouvelles

(1) *Saggio di una distribuzione metodica degli Animali vertebrati*, di Carlo Luciano Bonaparte, principe di Musignano; Roma, 1831.

(2) *Erpétologie générale ou Histoire naturelle complète des Reptiles*, par A.-M.-C. Duméril et G. Bibron. — T. I (1836), *Considérations générales sur les Reptiles et considérations générales sur les* Chéloniens. — T. II (1835), *Description des* Chéloniens. — T. III (1836), Sauriens, Crocodiliens, Caméléoniens, Geckotiens, Varaniens. — T. IV (1837), Iguaniens. — T. V (1839), Lacertiens, Chalcidiens, Scincoïdiens. — T. VIII (1841), Batraciens. — T. VI, Ophidiens (*ex parte*) (1844). — Malheureusement ce bel ouvrage s'est trouvé interrompu par suite de la maladie et de la mort (27 mars 1848) de G. Bibron.

(3) *Nouvelles Annales du Muséum d'histoire naturelle*, t. IV, p. 233 (1835).

(4) Dans les classifications de MM. Gray et Ch. Bonaparte, le nom de Saurophidiens (*Saurophidii*) est employé pour désigner un ordre intermédiaire entre les Sauriens et les Ophidiens (*Chalcis*, *Amphisbæna*, etc.).

venaient donc prendre place dans le premier embranchement du règne animal, pour en porter le nombre à sept.

Mais ces dernières étant fondées uniquement sur des types qui ont cessé d'être représentés dans les faunes zoologiques, il devient à peu près impossible de savoir si les différences qui existaient dans l'ensemble de l'organisation de ces êtres et de nos Reptiles actuels étaient de nature à rendre nécessaire leur séparation comme classes. Dans cette situation, il est sans doute préférable de ne compter ces singuliers débris des périodes géologiques que comme des types d'ordres. D'une part, leurs affinités avec nos Reptiles vivants sont peu douteuses, et, d'autre part, il importe de ne pas multiplier dans le règne animal les divisions primaires sans qu'on y reconnaisse un avantage réel pour exprimer de grandes différences bien constatées.

Après le travail que nous venons de mentionner, M. Charles Bonaparte a apporté quelques changements à sa classification publiée en 1831 (1). Conservant toujours la dénomination générale d'Amphibies, il admet deux sous-classes avec les noms employés par Fitzinger (*Monopnoa* et *Dipnoa*, — Reptiles et Batraciens); la première comprenant sept ordres : les Ornithosauriens (Ptérodactyles), les Emydosauriens (Crocodiles), les Énaliosauriens, les Chéloniens, les Sauriens, les Saurophidiens et les Ophidiens.

C'est un arrangement qui a le désavantage d'éloigner les Chéloniens des Oiseaux, avec lesquels ils ont plus d'affinité que les crocodiles, et le désavantage plus grand encore d'isoler complétement ces derniers des Sauriens, avec lesquels leurs rapports naturels ne sont pas douteux.

Le naturaliste le plus justement célèbre de l'Angleterre, M. Richard Owen, l'auteur de tant de beaux travaux d'anatomie comparée, a résumé aussi ses idées touchant les grands types qui constituent la classe des Reptiles (2). Ce savant n'en sépare pas les Batraciens. Dans cette limite, il groupe tous les Reptiles vivants et éteints dans huit ordres. Ces ordres sont : les Énaliosauriens (*Plésiosauriens* et *Ichthyosauriens* de Blainville), les Crocodiliens (*Émydosauriens* de Blainville), les Dinosauriens (genres *Mégalosaure*, *Iguanodon*, etc.), les Lacertiens (*Sauriens*), les Ptérosauriens (*Ptérodactyliens* de Blainville), les Chéloniens, les Ophidiens et les Batraciens.

Si l'on compare cette classification à celle de De Blainville, on trouve ici une nouvelle division ordinale, celle des Dinosauriens; on remarque la réunion dans un même ordre des Plésiosaures et des Ichthyosaures; on aperçoit dans l'arrangement général des grandes divisions une différence considérable; mais peut-être M. Owen lui-même, dans cette énumération, n'a-t-il pas attaché une importance extrême à l'ordre de succession des groupes.

Presque en même temps, M. Straus-Durckheim (3), revenant à l'idée de Laurenti, plaçait les Chéloniens en dehors de la classe des Reptiles; mais c'est là une séparation qui ne paraît offrir aucun avantage.

*

Aujourd'hui encore, tous les naturalistes ne croient pas devoir compter une classe tout à fait particulière pour les Batraciens; mais cependant les vues de De Blainville sont à présent adoptées dans la science d'une manière assez générale. De Blainville ne pensait pas sans doute que les Reptiles propre-

(1) *Iconografia della Fauna italica per le cuatro classi degli Animali vertebrati*, di Carlo L. principe Bonaparte. T. II. *Amfibi*. — Roma, 1832-1841.

(2) *Reports on British fossil Reptiles*. — *Reports of the British Association for the advancement of science*. — 1839, p. 43, et 1841, p. 60.

(3) *Traité d'anatomie comparative*, t. I et II (1842), et *Anatomie du Chat* (1845).

ment dits fussent plus voisins des Oiseaux que des Batraciens, et que ceux-ci fussent plus voisins des Poissons que des Reptiles; mais bien évidemment ces rapports ne lui avaient pas échappé : il a appliqué la qualification d'*Ornithoïdes* aux vrais Reptiles, celle d'*Ichthyoïdes* aux Batraciens.

Non-seulement la constatation de la parenté si étroite de certains Batraciens avec les Poissons, mais aussi les observations d'embryogénie ne devaient pas tarder à élever au rang d'une certitude acquise à la science les affinités naturelles indiquées par ces deux noms d'Ornithoïdes et d'Ichthyoïdes.

En 1844, M. Milne-Edwards (1), s'appuyant sur ce fait que chez les Batraciens et les Poissons « l'embryon ne porte ni allantoïde, ni amnios, tandis que dans les Reptiles, les Oiseaux et les Mammi- » fères, l'embryon est à peine distinct que déjà il est pourvu de ces deux organes appendiculaires (2), » insiste le premier sur un caractère qui tout d'abord permet de séparer les Vertébrés en deux groupes, caractère qui éloigne les Batraciens des Reptiles pour les rapprocher des Poissons. M. Milne-Edwards nomme les représentants du premier groupe les Allantoïdiens, ceux du second, les Anallantoïdiens.

Pendant les années qui viennent de s'écouler, M. Duvernoy a exposé une classification des Reptiles qui lui est propre (3). Il adopte aussi cette classe du règne animal, en en excluant les Batraciens, et il la divise en cinq sous-classes : 1° les Saurophidiens, comprenant quatre ordres : les Orthophidiens (Serpents), les Protophidiens (genres Acontias, Amphisbæna, Typhlops), les Protosauriens (genres Orvet, Chalcis, Scheltopusik, etc.) et les Orthosauriens (Sauriens); 2° les Lorisauriens (Émydosauriens de Blainville); 3° les Chéloniens; 4° les Ptérosauriens, et 5° les Énaliosauriens. La série est commencée ici par les types inférieurs.

*

Avant de dérouler tous les faits qui vont nous être fournis par l'organisation des divers types de la classe des Reptiles, il était nécessaire de tracer le tableau des classifications si nombreuses qui se sont succédé pour cette grande division zoologique. Il était utile de voir comment la science, sur ce point, s'est améliorée, comment les affinités naturelles ont été reconnues successivement, comment elles ont été souvent méconnues. Ces indications nous serviront dans la suite. Quant au jugement à porter sur ces méthodes, quant à l'appréciation à donner à chaque idée émise par les auteurs, il serait à présent sans utilité de s'éloigner de la plus extrême réserve, de pousser loin ces jugements, ces appréciations. De l'exposition même de l'ensemble des faits, se montrera naturellement la part heureuse ou malheureuse que chacun a fournie à cette partie de la zoologie.

Néanmoins, comment, après avoir signalé les divisions admises par chaque naturaliste qui s'est occupé de la classification des Reptiles, ne pas adresser un reproche presque général, plus fondé ici peut-être que lorsqu'il s'agit de la plupart des autres classes du règne animal? Comme on l'a vu presque toujours, chacun a bâti une nouvelle nomenclature pour les groupes primaires, chacun a cru devoir apporter ce petit embarras de plus à la science, croyant forcer ses successeurs à citer son nom plus souvent, et croyant quelquefois aussi dissimuler le vide de son œuvre. Erreur, heureusement. Seules les découvertes des faits et les idées justes doivent conserver leur place dans l'histoire des sciences.

(1) *Considérations sur quelques principes relatifs à la classification naturelle des animaux et plus particulièrement sur la distribution méthodique des Mammifères.* — *Ann. des scienc. nat.*, 3e série, t. I, p. 65 (1844).

(2) Page 89.

(3) *Leçons sur l'histoire naturelle des corps organisés*, professées au Collége de France par M. Duvernoy, p. 136. — Extrait de la *Revue et Magasin de zoologie*, par la Société cuviérienne, 2e série, t. I, p. 209 (1849).

Dans cette histoire si curieuse de la classification des Reptiles, où tant d'auteurs ont leur part, deux noms dominent tous les autres : Alexandre Brongniart et de Blainville. C'est à ces noms que sont attachés les grands progrès de cette partie de la zoologie.

C'est dans les limites tracées par de Blainville dès 1816 qu'est présentée ici la classe des Reptiles, en y rattachant comme divisions ordinales les types éteints, dont il crut devoir, en 1835, former des classes particulières.

Mais ce qui importe aussi à notre sujet, ce n'est pas seulement de connaître la manière dont les différents auteurs ont apprécié les ressemblances et les dissemblances des êtres que nous examinons ici ; il s'agit encore de voir clairement ce que chaque époque a fourni de faits essentiels sur l'organisation de ces êtres.

Il nous suffit sans doute d'indiquer brièvement les observations qui ont précédé le temps où l'anatomie comparée a été constituée comme science; mais à partir de ce moment, c'est-à-dire à partir des jours derniers du dix-huitième siècle, il faut nécessairement préciser ce que chaque travail a apporté de faits, pour mesurer ensuite le champ qui nous reste à parcourir.

Il est indispensable ici de voir comment s'est élevée au point où nous la trouvons aujourd'hui la connaissance de l'organisation des Reptiles, connaissance déjà si étendue et cependant si incomplète encore.

Aristote avait constaté diverses particularités de la structure de ces animaux; il connaissait leur génération ovipare. Les trois types principaux de Chéloniens, les Tortues de terre, les Tortues d'eau douce, les Tortues de mer, sont distingués dans ses écrits, et l'on y trouve un aperçu sur la conformation générale des viscères les plus apparents de ces singuliers Reptiles. Les Crocodiles avaient fixé aussi l'attention du naturaliste de Stagyre, et, selon toute apparence, d'après Hérodote, il a donné divers détails, du reste assez vagues, souvent inexacts, sur ces animaux. Aristote avait bien reconnu chez les Caméléons la disposition des côtes, la conformation des pieds, d'autres particularités extérieures, les changements de couleur, etc. Il a consigné également à l'égard des Lézards quelques observations de peu d'importance; un animal mentionné sous le nom d'*Ascalobotes* paraît se rapporter à notre Platydactyle des murailles, si commun dans tout le midi de l'Europe et le nord de l'Afrique. Plus heureux que certains naturalistes du dix-huitième siècle, Aristote avait su constater les grands rapports qui existent entre les Serpents et les Lézards, malgré la présence de membres chez les uns et leur absence chez les autres. Il a indiqué la configuration, chez ces animaux, de la langue, du canal intestinal, du foie, du poumon, etc. La propriété que possèdent ces Reptiles de reproduire leur extrémité caudale quand elle a été brisée ou coupée lui était connue. Il avait même observé que la Vipère donne naissance à des petits vivants après avoir produit des œufs à l'intérieur.

Les observations sur l'anatomie des Reptiles dues aux médecins et aux naturalistes qui précédèrent le dix-septième siècle sont en général d'une importance si faible, qu'elles méritent vraiment peu d'être mentionnées. On cite cependant encore les écrits de Gesner (1), ceux de Vésale, quelques remarques sur les Tortues publiées par Coiter en 1575 (2); diverses observations de Paræus sur les Crocodiles, d'Angelo Baldo Abbati sur la Vipère, etc. (3).

Vers le milieu du dix-septième siècle, un professeur napolitain s'adonna le premier, avec une certaine suite, à des recherches sur les Reptiles. A cette époque, les anatomistes se contentaient de peu. Ouvrir le corps d'un animal, indiquer d'une manière plus ou moins vague la position des principaux viscères, signaler quelques particularités de formes, briser le crâne et reconnaître la masse du cerveau, c'est à peu près à une semblable opération que se réduisait leur travail. En 1645, Severino fit quelques études de cette nature sur la Tortue marine et sur la Tortue terrestre (4), sur le Lézard (5) et la Vipère (6), et, peu d'années après, il publia un ouvrage spécial (7) sur la Vipère, contenant des observations sur les habitudes de ce Reptile, sur sa température, sa génération, ses viscères, son venin, et les organes qui le sécrètent.

Dans le même temps, Joseph Fabri (8) décrivait le cœur de la Tortue d'une manière plus exacte que ne l'avaient fait ses prédécesseurs.

En 1664, parut un petit ouvrage posthume dû à un naturaliste scandinave, Jean Vesling, dans lequel on trouve divers détails anatomiques sur le Crocodile et la Vipère (9).

En 1669, un membre de l'Académie des sciences de Paris, Charas, publia des observations assez étendues sur l'anatomie de la Vipère sans avoir connu, selon toute apparence, l'ouvrage de Severino. Du reste, son travail, accompagné de figures, exécutées à la vérité comme s'exécutaient alors les dessins d'histoire naturelle, mais cependant d'une utilité réelle, est très-supérieur à celui de son devancier. L'auteur examine les caractères extérieurs de la vipère; il en décrit la forme générale du crâne, les narines, le cerveau, les yeux, l'organe auditif, les dents, etc., montrant que l'opinion des anciens qui admettaient que le siége du venin de la Vipère était au fiel n'a pas le moindre fondement. Il décrit encore les diverses parties du squelette et les organes internes (10).

A la même époque, furent imprimées quelques remarques succinctes du célèbre Malpighi sur les poumons de plusieurs animaux, et notamment sur ceux des Tortues (11).

Dans les années qui suivirent, Claude Perrault s'attacha à faire connaître l'organisation de divers animaux. Sans doute, ce sont là des anatomies bien imparfaites, bien insuffisantes pour donner une

(1) *Historiæ Animalium* liber secundus (1554).

(2) *Diversorum Animalium sceletorum explicationes.*

(3) *De admirabili Viperæ natura* (1587).

(4) *Zootomia democritea* Marci Aurelii Severini, p. 320 (1645).

(5) *Loc. cit.*, p. 326.

(6) *Loc. cit.*, p. 359.

(7) Marci Aurelii Severini *Vipera pythia* (1651).

(8) *Histoire du Mexique*, par Hernandez (1651).

(9) Johannis Veslingi *Observationes anatomicæ* et *Epistolæ medicæ*, ex schedis posthumis selectæ et editæ Th. Bartholino. — Hafniæ (1664).

(10) *Nouvelles Expériences sur la Vipère;* Paris, in-8° (1669). — Réimprimé *Mémoires de l'Académie royale des sciences*, t. III, 2e partie, p. 206 (1733); — et Suite des *Nouvelles Expériences sur la Vipère* (1671).

(11) An Extract of a latin letter written by the learned signor Malpighi, to the publisher, concerning some anatomical observations about the structure of the lungs of the Frogs, Tortoises and perfecter animals.— *Philosophical Transactions*, t. VI, p. 2149 (1671).

idée tant soit peu étendue des caractères des principaux organes; mais elles montrent la configuration et la disposition des viscères d'une manière un peu plus sérieuse que les recherches de la plupart des naturalistes antérieurs. On constate déjà un progrès. Le célèbre architecte de la colonnade du Louvre décrivit aussi l'organisation du Caméléon, déjà un peu étudiée auparavant par un Italien du nom de Panaroli (1). Il s'occupa des changements de couleurs que subit ce reptile, sujet qui a tant fixé l'attention des zoologistes, sans que la cause ait pu en être encore sûrement déterminée. Il s'occupa également de ses caractères extérieurs, de son squelette, de la singulière conformation de sa langue, des diverses parties de son appareil digestif (2).

Plus tard, ayant eu l'occasion de disséquer une grande Tortue de l'Inde, il en décrivit et représenta de la même manière les téguments, la langue, l'appareil digestif, les reins, le cœur et l'aorte, la trachée-artère et les poumons, le cerveau, etc. (3).

Enfin l'on possède encore sur l'anatomie du Crocodile des observations de Perrault, publiées longtemps après sa mort (4).

Pendant que ces recherches se poursuivaient en France, en Allemagne Frédéric Lachmund appelait l'attention des naturalistes sur la conformation ostéologique des Tortues (5), et, pour la première fois, il donnait la représentation du squelette de ce remarquable type zoologique. Comme on le pense bien, c'est une étude extrêmement imparfaite; on s'en tenait facilement alors à quelques traits généraux, et il n'était guère question de rechercher le nombre et l'agencement des os qui entrent dans la composition de la tête.

Dans le même temps, un naturaliste du Danemark, Borrich, publiait une dissertation sur les caractères, les habitudes et l'organisation interne d'une espèce de crocodile, s'attachant entre autres choses à montrer que la langue existe bien réellement chez cet animal, contrairement à l'opinion émise par Aristote et adoptée depuis d'une manière générale (6).

C'est une période durant laquelle les anatomistes étaient nombreux. On voit encore de cette époque un ouvrage où se trouvent de nouvelles études sur l'organisation des animaux, jointes aux observations antérieures. Ainsi ce livre, dû à un médecin hollandais, Blaes ou Blasius (7), et accompagné de figures assez bonnes pour le temps, contient, sur l'anatomie du Crocodile, les recherches de Borrich (8) sur les Tortues, celles de Coiter, de Severino et de Velsch (9), et des détails plus importants de Blasius lui-même (10); sur le Caméléon, les dessins de Perrault, et des figures plus détaillées dues à Swammerdamm (11), et une étude de la Vipère et de son embryon par Fabricio d'Acquapendente, Blasius et Angelo Abbati (12).

(1) *Il Chamaleonte esaminato*, in-4° 1645.

(2) *Mémoires pour servir à l'histoire naturelle des animaux*, p. 13 (1671); — et *Mémoires de l'Académie royale des sciences*, t. III, partie 1re, p. 34.

(3) Suites aux *Mémoires pour servir à l'histoire naturelle des animaux*, p. 193 (1676); — et *Mém. de l'Acad. roy. des sciences*, t. III, partie 2e, p. 172.

(4) *Mémoires de l'Acad. roy. des sciences*, t. III, partie 3e, p. 161 (impr. 1734).

(5) Frederici Lachmund *Testudo ex suo scuto, ut vulgus putat, exire non potest*. — Miscellanea curiosa medico-physica Academiæ naturæ curiosorum, etc.; anno 4°, 1673, p. 227 (1688).

(6) *Hermetis Ægyptiorum*. Hafniæ (1674), p. 168.

(7) *Anatome animalium*, figuris variis illustrata (1781).

(8) P. 274.

(9) P. 304.

(10) P. 316, pl. xxx.

(11) P. 372 et 374, pl. xiv et xv.

(12) P. 394, pl. lx. — Voy. aussi *Journal de Physique*, part. xi, année 1754, p. 28.

Puis, en Hollande, Von Hammen publie une nouvelle dissertation sur l'anatomie du Crocodile (1); en Angleterre, Grew fait pour le Crocodile ce que Lachmund venait de faire pour la Tortue : il en représente le squelette dans son ensemble, et il ajoute quelques remarques sur divers Chéloniens et Sauriens, particulièrement sur le Caméléon (2).

Quelques années plus tard, apparaissent les premières observations comparatives sur les différentes Tortues par un naturaliste florentin, Caldesi (3); quelques détails sur l'œil du Caméléon par un anatomiste de Kiel, Daniel Major (4), et les travaux de savants italiens dont les noms ont acquis une grande célébrité, Redi et Vallisnieri. On doit à ce dernier une anatomie du Caméléon (5), la plus belle que l'on ait encore aujourd'hui à citer. On doit à Redi des observations sur le même animal et des expériences sur le venin des Vipères. Cet habile naturaliste reconnut le premier la présence des vésicules qui sécrètent le venin, et il constata que l'on peut manger sans inconvénient des animaux tués par des Vipères ou sucer les blessures des personnes qui en ont été mordues, contrairement à une opinion très-accréditée jusqu'à cette époque (6).

D'un autre côté, un médecin anglais, George Ent, fit connaître le résultat de l'hivernation chez une Tortue terrestre (7).

Le dix-septième siècle finit, et le dix-huitième commence. A cette époque, au sein de l'Académie des sciences de Paris, une série de travaux et de discussions touchant l'organisation des Reptiles va se produire.

Ce sont des expériences sur la reproduction de la queue chez les Lézards par Thévenot, Duverney et Perrault (8); quelques faits relatifs à l'organisation du Crocodile de Siam (*Crocodilus galeatus*, Cuvier) et d'un Saurien de la famille des Geckotides (*Platydactylus guttatus*, Daudin) envoyés par les missionnaires français à la Chine, avec des notes de Duverney (9), la constatation par ce dernier des pores que l'on remarque sur la peau qui couvre la partie interne des cuisses du Lézard et qui correspondent à autant de glandes (10); une description du cœur de la Tortue et de la Vipère, et des observations sur le mode de respiration de la Tortue, également par Duverney (11), enfin une critique des faits observés par celui-ci sur le cœur des Tortues de terre, par Méry, accompagnée de nouvelles descriptions et de nouvelles figures du cœur de ces animaux plus exactes que les précédentes (12).

Jusqu'à cette époque, on avait souvent décrit et représenté les principaux organes de divers Reptiles, mais on n'avait guère songé à suivre un système organique dans son ensemble. C'est un naturaliste

(1) *De Crocodilo Getani dissecto*. Lugduni Batavorum (1681).

(2) *Museum regalis Societatis*, p. 42, tab. 4, etc. (1684).

(3) *Osservazioni anatomiche intorno alle Tartarughe maritime, d'acqua dolce e terrestri*, in-4° (1687).

(4) *De oculo humano, Chamæleontis et aliorum Animalium*. Kiel (1690).

(5) *Istoria del Camaleonte africano* (1696).

(6) *Degli Animali viventi* (1699). — Voy. aussi *Journal de Physique*, part. XI, année 1754, p. 39.

(7) *Observationes ponderis Testudinis*. — *Philosoph. Transact.*, t. XVII, p. 533 (1693).

(8) *Histoire de l'Académie royale des sciences*, t. II, p. 7. année 1686.

(9) Descriptions anatomiques de quelques animaux envoyés de Siam à l'Académie par les pères jésuites français en 1687. — *Hist. de l'Acad. roy. des sciences*, t. II, p. 251 (impr. 1733).

(10) *Loc. cit.*, t. II, p. 147, année 1692.

(11) Sur le cœur de la Tortue et sa respiration (*Hist. de l'Acad. roy. des sciences*, année 1699, p. 34 (impr. 1702); — et Observations sur la circulation du sang dans le fœtus, et description du cœur de la Tortue et de quelques autres animaux (*loc. cit.*, p. 227).

(12) *Histoire de l'Acad. roy. des sciences*, année 1703, p. 337.

italien, Baglivi, qui le premier fit une tentative de ce genre; il s'attacha à faire connaître l'appareil circulatoire des Tortues (1).

Dans le même temps, Plumier, en France, donnait une description de l'ostéologie du Crocodile un peu plus détaillée que celles de Vesling et de Grew (2). L'on possède, en outre, un mémoire de ce naturaliste, publié longtemps après sa mort, qui traite non-seulement du squelette du Crocodile, mais aussi des parties principales de son organisation interne (3), et enfin quelques observations sur les serpents (4).

Il existe encore de la même époque une dissertation sur la voix du Crocodile par Baer (5), et quelques détails anatomiques sur le même type, ainsi que sur les Serpents, par Sloane (6).

Maintenant les recherches sur l'organisation des Reptiles vont devenir plus rares pendant une très-longue période.

En 1720, parut un ouvrage sur l'anatomie des animaux par Valentini. C'est une compilation de la plupart des faits constatés jusqu'alors. On y trouve la reproduction de la plupart des études sur les Reptiles que nous venons de citer; aussi nous le mentionnons simplement, par la raison que c'est un livre propre à donner une idée assez exacte de l'état où en était arrivée à cette époque la science qui a pour objet l'anatomie des animaux (7).

Plus tard, la structure des yeux des Tortues fut le sujet d'une étude spéciale de la part d'un membre de l'Académie des sciences, Parfour-Dupetit (8); la tête osseuse de l'un de ces Reptiles se trouva mieux représentée par Gautier qu'elle ne l'avait été jusqu'à ce moment (9); l'organe de l'ouïe des Reptiles excita l'attention d'Étienne-Louis Geoffroy (10); de nouvelles remarques anatomiques sur les Tortues furent présentées en Allemagne par Gottwaldt (11), et un autre naturaliste de ce pays, Merck, décrivit l'ostéologie et l'appareil génital mâle du Gavial, de la famille des Crocodilides (12); de nouvelles observations sur les Crocodiles, accompagnées de figures, furent publiées par Pierre Camper (13); et, bientôt après, une dissertation sur le même sujet par Jacobson (14).

Bien qu'il n'entre pas dans notre plan de signaler tous les travaux qui ont fait connaître les espèces fossiles, par la raison simple, qu'ils ont eu pour but et pour résultat d'ajouter des séries d'espèces éteintes au catalogue des animaux vivants ou d'en faire une application à la géologie, bien plutôt que d'agrandir le cercle des connaissances sur l'ostéologie, il nous paraît utile néanmoins de mentionner

(1) *De circulatione sanguinis in Testudine experimenta cum ejus animalis cordis anatome* (1700).

(2) *Mémoires* de Trévoux, p. 165 (1704).

(3) *Sur l'anatomie du Crocodile*, œuvre posthume du R. P. Plumier, botaniste du roi, communiquée par le R. P. de Boussemont. — *Journal de Physique*, année 1755, p. 131.

(4) *Sur les dents des Serpents de la Martinique.* — *Loc. cit.*, p. 149.

(5) *Phalainodia* et *Crocodilophonia* (1702).

(6) *Voyage to Jamaica*, t. II, p. 327, etc. (1707-1725).

(7) *Amphitheatrum zootomicum.* Gissæ, in-fol. (1720).

(8) *Description anatomique des yeux de la Grenouille et de la Tortue.* — *Mém. de l'Acad. roy. des sciences*, année 1733, p. 142.

(9) Collection de planches d'histoire naturelle, in-4°, pl. 34 (1757).

(10) *Dissertation sur l'organe de l'ouïe de l'homme, des Reptiles et des Poissons.* Amsterdam et Paris, in-8° (1778).

(11) *Physikalisch anatomische Bemerkungen über Schildkröten.* Nuremberg, in-4° (1781).

(12) *Hessische Beiträge zur Gelehrsamkeit und Kunst*, Bd. 2, S. 73 (1785).

(13) *Philosophical Transactions*, vol. 76, p. 146, pl. 23 et 24 (1786).

(14) *Animadversiones circa Crocodilum ejusque historiam* (1797).

les découvertes qui ont offert aux zoologistes des types remarquables sous le rapport des formes ostéologiques. C'est ainsi que nous rappellerons que c'est en 1784, qu'un homme de lettres de Florence, Collini, présenta au monde savant le premier reste qui ait été découvert de ce type étrange, le Ptérodactyle, ou Ornithocéphale, regardé tour à tour comme un Mammifère et comme un Oiseau, et classé définitivement avec les Reptiles par Cuvier (1).

Un géologue français, un professeur du Muséum d'histoire naturelle, Faujas de Saint-Fond, malgré de nombreuses erreurs, est souvent cité aussi par les zoologistes pour les descriptions qu'il a données du squelette de quelques Reptiles (2).

*

Plus de deux siècles s'étaient écoulés et avaient produit pour la connaissance de l'organisation des Reptiles, comme pour celle des autres animaux vertébrés, une foule d'observations, toutes à peu près de la même nature, ayant simplement pour but de montrer la forme et la position des principaux viscères ou la configuration générale du squelette. Jamais, pour ainsi dire, il n'était venu à un auteur l'idée de poursuivre sérieusement chez un type quelconque l'étude d'un système organique; jamais il n'était venu à la pensée d'aucun d'eux de comparer scrupuleusement les faits constatés chez divers représentants d'un même groupe ou de groupes distincts; ces comparaisons s'étaient faites seulement comme des remarques qui venaient en passant frapper l'observateur. On avait d'abord trouvé un certain intérêt à connaître les principaux caractères organiques d'un Reptile remarquable. Le type des Tortues avait, à cause de sa singularité, attiré l'attention d'une manière particulière. La Vipère avait fourni le même attrait à raison des accidents graves que produit sa morsure. Le Crocodile et le Caméléon avaient eu encore le privilége d'exciter les recherches.

De semblables travaux, eussent-ils porté sur un beaucoup plus grand nombre de types, n'eussent pu désormais faire progresser la science bien notablement; il fallait pour un tel résultat, un esprit éminent qui sût envisager les choses d'un nouveau point de vue.

Le système zoologique introduit par Linné, l'ordre qui dès ce moment avait succédé au chaos qui existait dans le groupement des animaux, la netteté de la nomenclature du naturaliste suédois qui était déjà adoptée généralement, toutes ces choses devaient, un peu plus tôt ou un peu plus tard, exercer une influence sur la manière de comprendre et de grouper les faits anatomiques.

C'est au moment où le dix-neuvième siècle va s'ouvrir que commence cette nouvelle période scientifique.

Georges Cuvier se met à l'œuvre; il veut comparer les unes aux autres toutes les parties de l'organisme dans l'ensemble du règne animal.

Bien que ses connaissances, acquises par la lecture des anciens auteurs et par ses recherches particulières, fussent déjà fort étendues, son œuvre ne pouvait être encore parfaite, surtout à l'égard des animaux qui diffèrent beaucoup de l'homme; mais, le plan en étant bien conçu et bien tracé, cette œuvre allait cependant changer d'un seul coup la face de la science.

De 1799 à 1805, se publient les *Leçons d'anatomie comparée*. En ce qui concerne les Reptiles, Cuvier choisit comme exemples une douzaine de types, dont trois ou quatre d'une façon spéciale. Montrant d'abord que dans cette classe d'animaux le nombre des vertèbres est plus variable que dans toutes les autres, il signale leurs particularités dans les principaux types en faisant ressortir les différences de

(1) *Historia et Commentationes Academiæ elector. Theodoro-Palatinæ.* — Pars physica, t. V, p. 58, tab. 1 (1784).

(2) *Histoire de la montagne de Saint-Pierre* (1799), et *Essais géologiques*.

l'un à l'autre; puis il décrit les muscles de la colonne vertébrale chez la Tortue, les côtes et le sternum, ainsi que leurs muscles, d'après les Serpents, les Lézards, l'Iguane, le Caméléon, le Crocodile et les Tortues; puis les os et les muscles des autres parties du corps chez les mêmes reptiles, ou seulement chez quelques-uns d'entre eux (1). Il cherche à reconnaître la composition du crâne dans le Crocodile et le Caméléon; il décrit le cerveau et les principaux nerfs en choisissant comme types les Tortues et les Serpents (2). Il fait un examen rapide, mais comparatif cependant, des dents des Sauriens et des Ophidiens.

L'os hyoïde étant presque toujours facile à observer, Cuvier le décrit chez un nombre de Reptiles plus considérable qu'il ne le fait pour les autres parties de l'organisme. Dans son ouvrage, viennent ensuite les descriptions de la langue, de l'œsophage, de l'estomac et des intestins d'après quelques Chéloniens, d'après le Crocodile, le Caméléon, le Lézard, le Sauvegarde d'Amérique, l'Iguane, le Scinque et le Gecko dans l'ordre des Sauriens, et enfin d'après quelques Ophidiens (3); sont présentés ensuite les faits relatifs aux annexes de l'appareil alimentaire, comme le foie, le pancréas, le péritoine chez les mêmes types, et un aperçu sur les principaux vaisseaux lymphatiques des Tortues. Le grand naturaliste donne une description assez détaillée du cœur des Tortues, des Crocodiles, de l'Iguane et des Ophidiens en général, des principales artères chez les mêmes animaux, et, en outre, chez les Lézards proprement dits, mais très-peu de détails touchant le système veineux (4). Enfin sont rassemblés là encore quelques faits relatifs aux organes de la génération, aux excrétions et aux sécrétions (5).

L'ouvrage que nous venons d'analyser est si connu de tous les naturalistes, qu'il eût bien suffi sans doute de l'indiquer tout simplement à son ordre de date. Cependant, comme il est devenu le point de départ pour la plupart des recherches ultérieures, il nous a semblé qu'il n'était pas inutile non plus de placer ici l'exposé succinct de tous les points sur lesquels Cuvier avait porté son attention, en citant les types qui avaient servi à ses études.

Après cette publication, il devint facile de reconnaître les lacunes, de voir les parties qui appelaient principalement les investigations des anatomistes. Aussi, parmi les travaux qui vont se succéder pendant une longue série d'années, beaucoup d'entre eux auront-ils pour but essentiel de perfectionner telle ou telle partie considérée isolément. N'en est-il pas toujours ainsi? Quand les faits se sont produits en grand nombre, vient la nécessité d'en former un ensemble. Quand l'ensemble est constitué, vient la nécessité de perfectionner la connaissance de chaque point en particulier.

Pendant le cours de la publication des *Leçons d'anatomie comparée* de Cuvier, on vit paraître quelques écrits sur les Reptiles. En 1801, un zoologiste allemand, l'auteur d'un ouvrage systématique sur ces animaux bien souvent cité par les erpétologistes, Schneider (6), présenta un résumé des connaissances acquises sur l'organisation des Crocodiles, en l'accompagnant d'une description et de figures de

(1) *Leçons d'Anatomie comparée* de G. Cuvier, recueillies et publiées par C. Duméril, t. I, an VIII.
(2) T. II, an VIII.
(3) *Leçons d'Anatomie comparée* de G. Cuvier, recueillies par G.-L. Duvernoy, t. III, an XIV (1805).
(4) T. IV (1805).
(5) T. V (1805).
(6) *Historia Amphibiorum*, auctor. Joan. Gottlob Schneider, Fasc. II. Iena (1801).

la tête osseuse de ce type zoologique, bien préférables à celles que l'on possédait déjà. L'auteur s'attacha à déterminer les pièces osseuses qui entrent dans la composition de la tête, et, bien qu'il n'ait pas été heureux dans toutes ses déterminations, il faut remarquer ici la tendance qui se manifestait à cette époque.

En même temps, Wiedemann s'efforçait de bien faire connaître les différentes parties du squelette des Tortues (1).

Un peu plus tard, Étienne Geoffroy Saint-Hilaire signala d'une manière exacte, pour la première fois, la nature des mouvements des mâchoires chez les Crocodiles, et, dans le même mémoire, il donna une description des viscères de ces animaux bien meilleure que toutes celles de ses devanciers (2).

Les Crocodiles de tout temps devaient fixer l'attention des naturalistes. Pendant son séjour en Amérique, M. de Humboldt lui-même se livra sur la langue et le larynx de ces animaux à des recherches anatomiques qui sont consignées dans le recueil qu'il a publié conjointement avec M. Bonpland (3), ainsi que des expériences sur la respiration de ces reptiles (4).

A cette époque, les os de la tête des Tortues furent étudiés de nouveau, d'une manière comparative, par un médecin de Iéna, Léopold Ulrich (5).

*

Ainsi, depuis quelques années surtout, une partie importante de l'organisation des Reptiles occupait les naturalistes. On comparait les différentes portions du squelette de certains reptiles avec celui de l'homme, et particulièrement les os de la tête; l'on s'attachait non-seulement à saisir leurs analogies, mais aussi à les identifier. Cependant des différences considérables dans le nombre des pièces, dans leur développement, dans leurs rapports entre elles, soulevaient de grandes difficultés pour les anatomistes. Y avait-il identité fondamentale dans la composition de la tête d'un Reptile et d'un Mammifère? Y avait-il simplement des parties analogues avec d'autres parties ajoutées, ou d'une nature toute spéciale existant chez l'un et n'existant pas chez l'autre? — Dans leurs travaux, Cuvier, Wiedemann, Schneider, Ulrich, etc., n'avaient nullement tranché cette question, tout en s'efforçant d'identifier les parties.

Mais, vers le même temps, Étienne Geoffroy Saint-Hilaire avait dit « être bien convaincu que les » *germes de tous les organes* que l'on observe, par exemple, dans les différentes familles d'animaux à » respiration pulmonaire existent à la fois dans toutes les espèces, et que la cause de la diversité infinie des formes qui sont propres à chacune, et de l'existence de tant d'organes à demi effacés ou » totalement oblitérés, doit se rapporter au développement proportionnellement plus considérable de » quelques-uns, développement qui ne s'opère toujours qu'aux dépens de ceux qui se trouvent dans le » voisinage (6). »

Appliquant ces idées, en 1807, à l'étude de l'arrangement des pièces osseuses qui entrent dans la

(1) *Anatomische Beschreibung der Schildkröten.—Archiv für Zoologie und Zootomie*, zweiten Bandes zweites Stück, S. 177 (1802).

(2) *Observations anatomiques sur le Crocodile du Nil. — Annales du Muséum d'histoire naturelle*, t. II, p. 37 (1803).

(3) *Recueil d'observations anatomiques et zoologiques. — Sur le Crocodile*, t. I, p. 1 (1805).

(4) *Loc. cit.*, p. 253.

(5) *Adnotationes quædam de sensu ac significatione ossium capitis, speciatim de capite Testudinis.* In-4° (1806).

(6) Exposition d'un plan d'expériences lu à l'Institut du Caire en 1800. — Voy. *Vie, Travaux et Doctrine scientifique d'Étienne Geoffroy Saint-Hilaire*, par son fils M. Isidore Geoffroy Saint-Hilaire, p. 137 (1847).

composition de la tête de l'un des types les plus remarquables de la classe des Reptiles, les Crocodiles. il compara tous les os de la tête de ces animaux à ceux de la tête des Mammifères, et chacun fut ainsi déterminé (1). Le célèbre professeur du Muséum d'histoire naturelle de Paris fut heureux dans plusieurs de ses déterminations : les recherches ultérieures les ont confirmées; d'autres, au contraire, n'ont pas été acceptées. Mais ce qui fait le mérite très-réel de ce mémoire, c'est qu'il a tracé bien nettement une voie à peine indiquée encore, qu'il a imprimé une direction vraiment scientifique, vraiment philosophique, pour l'étude de l'ostéologie des Reptiles. Une fois reconnu que le plan est le même chez le Reptile et chez le Mammifère, on pouvait bien encore, lorsqu'on était peu riche de faits, se tromper quelquefois dans la détermination des parties analogues; mais, un peu plus tôt ou un peu plus tard, les faits devenant mieux connus et connus en plus grand nombre, on devait arriver à des résultats certains.

Dans le même temps, Nitzsch donna une courte description des organes respiratoires des Reptiles, qui n'ajoute guère à ce qui en avait été dit par G. Cuvier (2).

Un médecin de Paris, Delaroche, fit connaître le résultat d'expériences sur la température d'une Tortue de mer (3).

Descourtilz publia une série de détails sur l'organisation du Crocodile de Saint-Domingue (*Crocodilus acutus*, Geoffroy) (4).

Bientôt après, un naturaliste célèbre de l'Allemagne publia une monographie anatomique d'un type remarquable de la classe des Reptiles et de l'ordre des Sauriens, le Dragon (*Draco volans*) (5). L'auteur a décrit et représenté le cerveau, les organes de la vision et de l'ouïe, le squelette, l'appareil alimentaire, les reins, le cœur et les principaux troncs artériels et veineux, les poumons et les organes génitaux de la femelle de cet animal. Ce n'est pas là sans doute une étude approfondie de l'organisation de ce Saurien, mais c'est un travail qui a permis d'en reconnaître plusieurs particularités ignorées jusque-là.

A cette époque, la myologie des Reptiles avait été encore fort peu étudiée, particulièrement celle des Ophidiens. C'est sur ce point qu'un naturaliste anglais, Everard Home, entreprit le premier des recherches spéciales (6).

Après la publication de son mémoire sur le Dragon, Tiedemann donna une attention spéciale aux glandes vénénifiques des Serpents (7); sujet qui a beaucoup occupé les anatomistes, et qui, avant cette époque, avait déjà été étudié par Everard Home.

Durant les longues périodes qui ont produit les œuvres que nous avons déjà énumérées, le système nerveux avait été l'une des parties les plus négligées de l'organisation des Reptiles. C'est à un anatomiste de l'Allemagne, dont la célébrité est devenue assez grande, Carus, que l'on doit les premières recherches importantes sur le cerveau des Reptiles. Ce savant, dans son travail sur le système ner-

(1) *Détermination des pièces qui composent le crâne des Crocodiles.—Annales du Muséum d'hist. nat.*, t. X, p. 249. pl. IV (1807).

(2) *De Respiratione animalium*, auct. C.-L. Nitzsch. Viteberge (1808).

(3) *Bulletin de la Société philomathique*, p. 469 (1808).

(4) *Voyages d'un naturaliste*, t. III, p. 11. pl. II, III, IV et V. Paris (1809).

(5) *Anatomie und Naturgeschichte des Drachens*, von Dr Friedrich Tiedemann. Nürnberg (1811).

(6) *Philosophical Transactions of London*, p. 163 (1812).

(7) *Ueber die Speicheldrüsen der Schlangen. — Denkschriften der königl. Akad. zu München* (1813), p. 25, Tab. 2 (1814).

veux (1) a décrit avec assez de détails et d'une manière comparative la moelle épinière et le cerveau chez un Chélonien (*Testudo midas*), chez le Crocodile, chez deux Sauriens (*Iguana*, et *Draco viridis* d'après Tiedemann) et chez un Ophidien. L'auteur a représenté les parties qu'il a décrites, mais ses figures sont loin d'être d'une netteté irréprochable.

La myologie des Ophidiens, étudiée chez une grande espèce de Boa, fut vers le même temps décrite en détail par un anatomiste allemand, Hübner (2), qui malheureusement n'avait pas connaissance des belles observations de Home sur le même sujet. Le mémoire de Hübner est aussi accompagné de figures, qui, tout en laissant beaucoup à désirer, servent néanmoins d'une façon avantageuse pour l'intelligence de la description.

Dans le grand ouvrage de Éverard Home, il faut remarquer un petit nombre de faits relatifs à l'organisation des Reptiles. L'auteur a représenté l'estomac de la Vipère et celui de la Tortue (3) vus intérieurement, et il a figuré aussi les dents des Serpents (4).

En 1817, Weber, dans son Anatomie comparée du système nerveux sympathique (5), a appelé le premier l'attention sur le système nerveux viscéral des Reptiles; mais ce qu'il en a fait connaître se réduit à fort peu de chose.

Wilhelm Sömmerring, auquel on doit des observations sur la structure des yeux chez les principaux types du Règne animal (6), a décrit et représenté la structure de l'œil chez un Chélonien (*Testudo midas*), un Émydosaurien (*Crocodilus sclerops*), un Saurien (*Lacerta monitor*) et un Ophidien (*Coluber Æsculapii*).

Nous citerons encore de la même époque un mémoire sur le sens du toucher chez les Serpents par un naturaliste allemand, Helmann (7); deux mémoires de Meckel, l'un sur le système respiratoire des Reptiles (8), l'autre sur l'os hyoïde de ces animaux (9). Dans le premier, l'auteur a donné la description des organes de la respiration chez un assez grand nombre de types de la classe des Reptiles, et, comme principaux résultats de ses recherches, il a exprimé les faits suivants : « Que, chez la plupart des Ophidiens, il » existe un poumon double plus ou moins parfait; que chaque moitié de poumon se complète d'après » le même type chez les Sauriens; que, chez plusieurs Ophidiens, la partie celluleuse des organes respiratoires manque en avant du cœur; que la partie soi-disant celluleuse de la trachée de la plupart » des Ophidiens correspond à la partie antérieure du poumon des autres Reptiles; que les poumons ont » la structure la plus compliquée, et la surface respiratoire la plus considérable dans les Tortues marines et la plus petite chez les Sauriens en général. »

Dans le second mémoire, Meckel a donné également une description comparative de l'os hyoïde chez divers Reptiles appartenant à chacun des ordres de cette classe.

En même temps, le docteur F. Tiedemann a publié une notice relative à une particularité des organes respiratoires chez une espèce du groupe des Sauriens (*Gecko fimbriatus*) (10).

(1) *Versuch einer Darstellung des Nervensystems und insbesondere des Gehirns*, von Carl Gustav Carus. — Leipzig, 1814, p. 169, etc.

(2) *De Organis motoriis Boæ caninæ.* — Dissertatio inauguralis, auctor Fridericus Ludovicus Hübner. — Berolini, 1815.

(3) *Lectures on the comparative Anatomy* by sir Everard Home, t. II, pl. LXIV (1814).

(4) *Loc. cit.*, pl. LXV.

(5) *Anatomia comparata nervi sympathici*; auct. Ernesto Henrico Weber, p. 49 (Lipsiæ, 1817).

(6) *De oculorum hominis animaliumque sectione horizontali*; auct. Detmar Wilhelm Sömmerring (Gœttingæ, 1818).

(7) *Ueber den Tastsinn der Schlangen.* Göttingen (1817).

(8) *Ueber das Respirationsystem der Reptilien.* — Deutsches Archiv für die Physiologie, von J. F. Meckel, Bd IV, S. 60, Taf. II (1818).

(9) *Ueber das Zungenbein der Amphibien.* — Meckel's Archiv, Bd IV, S. 223 (1818).

(10) *Ueber einen beim gefranzten Gecko.* — Meckel's Archiv, Bd IV, S. 549, Taf. V, Fig. 3, 4 (1818).

Notre illustre physiologiste M. Magendie a décrit le premier les organes glanduleux qu'on observe chez les Reptiles, vers la base de la trachée (1). Les anatomistes ont généralement négligé de parler de ces organes, dont l'usage est resté inconnu jusqu'à présent.

De Blainville a présenté quelques remarques générales sur les principaux organes de la circulation dans les Reptiles (2).

De 1819 à 1821, le plus habile anatomiste peut-être qu'ait eu l'Allemagne, Bojanus, qui le premier a introduit dans la science des faits précis et exacts concernant l'organisation de quelques vers intestinaux, a donné une monographie anatomique d'un type de Chéloniens (la Cistude d'Europe) (3).

C'est une œuvre qui jusqu'à présent a toujours été citée avec raison comme la plus belle que la science possède sur l'ensemble de l'organisation d'un animal vertébré. On ne peut encore, en effet, en excepter que les études de l'homme. Dans cet ouvrage, chaque système d'organes est représenté avec un soin, une exactitude, une netteté qui laissent bien peu à désirer. Tout y est étudié jusque dans les détails. Le travail consiste simplement dans la représentation des parties avec des explications de planches fort détaillées.

On a souvent exprimé le regret que l'auteur n'ait pas fait une description étendue et ne se soit pas livré à des comparaisons. Pourtant, si l'on examine sérieusement l'état de la science à l'époque où Bojanus produisait son chef-d'œuvre, on hésite beaucoup à lui adresser un reproche de cette nature. Pour qu'une description, pour que des aperçus comparatifs eussent augmenté l'importance du travail, où les faits sont déjà rendus si palpables, il aurait fallu posséder une connaissance approfondie de l'organisation d'autres types de Vertébrés, même d'autres types de Reptiles, ce que l'on n'avait pas alors, ce qu'on est loin d'avoir encore au moment où nous écrivons, plus de trente ans après la publication de l'Anatomie de la Tortue d'Europe.

Avec un tel modèle, il devenait plus facile d'exécuter d'autres monographies anatomiques de Reptiles qui eussent bientôt agrandi considérablement les connaissances touchant les modifications organiques dans ce grand groupe zoologique. Nul cependant ne paraît y avoir songé, ce qui suffirait peut-être à prouver que les travaux de ce genre sont moins simples que ne le supposent en général les naturalistes, qui préfèrent publier des mémoires sur une foule de petits sujets plus ou moins décousus.

Dans ses recherches sur la structure et les fonctions du cerveau, des nerfs et des organes des sens, G.-R. Treviranus a présenté, en 1820, quelques remarques sur le cerveau des Reptiles comparé à celui des Oiseaux (4).

On a encore du même temps des recherches de M. Jules Cloquet sur les voies lacrymales des Serpents (5), et quelques observations sur les organes de la vision chez les mêmes animaux par de Blainville (6).

(1) *Mémoire sur plusieurs organes particuliers qui existent chez les Oiseaux et les Reptiles.* — Bulletin de la Société philomathique, p. 145 (1819).

(2) *Sur la dégradation du cœur et des gros vaisseaux dans les Ostéozoaires ou animaux vertébrés.* — Bulletin de la Société philomathique, p. 148-151 (1819).

(3) *Anatome Testudinis Europeæ.* — Vilna, 1819-1821.

(4) *Untersuchungen über den Bau und die Functionen des Gehirns, der Nerven und der Sinneswerkzeuge in den verschiedenen Classen und Familien des Thierreichs*, von Gottfried Reinhold Treviranus. — Vermischte Schriften anatomischen und physiologischen Inhalts, von G. R. Treviranus und L. C. Treviranus, Bd III, Capit. III, S. 38 (1820).

(5) *Mémoire sur l'existence et la disposition des voies lacrymales chez les Serpents* (1821).

(6) *Principes d'Anatomie comparée*, t. I, p. 418 (1822).

Pendant cette période scientifique, on découvre, principalement en Angleterre, un grand nombre d'ossements de Reptiles appartenant à des types qui ne sont plus représentés dans les faunes actuelles, et ces découvertes donnent lieu à une série de travaux et de mémoires.

Home (1) publie une belle étude sur un type remarquable, qu'il désigne sous le nom de *Proteosaurus*, dénomination bientôt changée en celle d'*Ichthyosaurus*, qui a prévalu d'une manière tout à fait générale.

En Allemagne aussi, l'attention des naturalistes commence à se porter sur les débris fossiles des Reptiles, qui depuis ont si souvent occupé les zoologistes et les géologues; Samuel Sömmerring décrit une espèce de Crocodile (2) et ensuite son *Lacerta gigantea* (3).

Oken donne de nouvelles observations sur les Ptérodactyles (4).

Puis Delabèche et Conybeare, en 1821, inscrivent au nombre des plus remarquables Reptiles éteints le *Plesiosaurus* (5), dont ils donnèrent une description détaillée. Dans le même travail, ces naturalistes ajoutent plusieurs détails importants à tout ce que Éverard Home avait fait connaître de l'Ichthyosaure. Leurs observations sur ces débris fossiles, bientôt devenues plus nombreuses, furent consignées dans un second mémoire (6).

Le docteur Buckland fait connaître en partie les os d'un gigantesque Reptile (7) (le *Megalosaurus*, rangé aujourd'hui par M. Owen dans son ordre des Dinosauriens. Un autre type, classé maintenant dans le même ordre que le Mégalosaure, est également inscrit au nombre des Reptiles éteints, sous le nom d'*Iguanodon*, par le docteur Gédéon Mantell (8).

D'un autre côté, une dissertation sur un Ichthyosaure trouvé dans le Wurtemberg est publiée en Allemagne par Frédérick Jaeger (9).

En 1824, la science erpétologique fait un pas immense. Ce progrès, si grand d'un seul coup, est dû à Cuvier (10). Il ne s'agit ici que de l'ostéologie; mais à ce moment cette partie si importante change de face. Dans cinq chapitres, c'est-à-dire dans cinq mémoires particuliers, les Crocodiles, les Chéloniens, les principaux types de Sauriens, les Ptérodactyles, les Plésiosaures et Ichthyosaures sont étudiés et comparés les uns aux autres. Le mémoire sur les Crocodiles principalement est un véritable modèle de travail zoologique. Tout y est exposé avec une parfaite clarté, avec une précision merveilleuse.

(1) *Transactions of the royal Society of London*, 1814, part. 2, p. 571, et 1819, part. 1, p. 207. — Travail reproduit in *Lectures on comparative Anatomy*, t. III, p. 48, et t. IV, pl. LXII-LXXI (1823).

(2) *Ueber den* Crocodilus priscus *oder den Gavial der Vorwelt.* — Denkschriften der königlichen Akademie der Wissenschaften, S. 24 (1816).

(3) *Ueber die* Lacerta gigantea *der Vorwelt.* — Denkschriften der königlichen Akademie der Wissenschaften (1816).

(4) *Isis*, I, p. 4788 (1819).

(5) *Notice on the discovery of a new fossil animal*, forming a link between the Ichthyosaurus and Crocodile. — Transactions of the geological Society, vol. V, part. 2, p. 559 (1821).

(6) *Additional notices on the fossil genera Ichthyosaurus and Plesiosaurus.* — Trans. of the geological Society, 2e series, vol. I, p. 103 (1822), et t. I, part. II, p. 381 (1824).

(7) *Notice on the Megalosaurus.* — Transactions of the geological Society, 2e series, vol. I, p. 371 (1824).

(8) *Notice on the Iguanodon.* — Philosophical Transactions of the royal Society, 1825, part. 1, p. 179.

(9) *De Ichthyosauri sive Proteosauri fossilis speciminibus*, in agro Bollensi Wurtembergii repertis. — Stutgard (1824).

(10) *Recherches sur les ossements fossiles.*

Chaque pièce osseuse est déterminée et comparée avec son analogue dans les Mammifères ou dans les Oiseaux. Les raisons qui ont conduit l'auteur à adopter ses déterminations et à repousser souvent celles de ses prédécesseurs se montrent toujours comme le résultat de l'étude la plus savante et la plus consciencieuse. S'il y a doute, les motifs qui lui paraissent militer en faveur de l'opinion à laquelle il s'arrête sont présentés aussi avec une supériorité bien faite pour frapper l'esprit de tout homme de science.

Ceux qui se représentent Cuvier comme n'ayant rien compris aux analogies que recherchait si ardemment Geoffroy Saint-Hilaire, comme ayant repoussé absolument l'unité de composition, ainsi que Geoffroy Saint-Hilaire a appelé ce fond commun qui existe si réellement chez tous les animaux d'un même embranchement, devront lire attentivement le mémoire sur les Crocodiles.

En rapprochant ici les noms des deux illustres zoologistes français de la première période de notre siècle, présentés souvent, et à tort selon nous, comme antagonistes, il convient de rappeler que M. Isidore Geoffroy Saint-Hilaire, l'historien des travaux de son père, a eu soin de rétablir la vérité à cet égard (1).

Quand on a montré Cuvier opposé à la recherche des parties analogues chez différents types du Règne animal, on s'est reporté trop exclusivement aux discussions qui, dans les dernières années de sa vie, s'engagèrent entre lui et Geoffroy Saint-Hilaire. Si l'on avait dû s'en tenir entièrement à l'opinion qu'il manifesta alors, en effet, la voie que lui-même avait suivie aurait dû être abandonnée; mais aussi n'a-t-on pas un peu oublié de dire que le grand naturaliste, croyant voir des exagérations considérables, conduit par là à repousser certaines idées en désaccord avec les faits, s'était trouvé poussé lui-même à exagérer dans un autre sens? On trouvait analogues des choses qui à ses yeux ne l'étaient point; il en vint à craindre de reconnaître l'analogie là où elle existait bien réellement, dès l'instant qu'elle ne se présentait pas du premier coup avec toute l'évidence possible.

Le mémoire sur l'ostéologie des Chéloniens, dans l'immortel ouvrage sur les ossements fossiles, est aussi extrêmement étendu. Il est resté la base de tout ce que l'on a écrit depuis sur ce sujet.

Les divers groupes de Sauriens sont aussi étudiés d'une manière heureuse; leurs os sont comparés avec beaucoup de soin à ceux des Crocodiles. Cuvier n'a pas manqué de suivre chaque pièce d'un genre à l'autre, et de suivre ainsi par degrés, autant que possible, les changements qu'on parvient plus difficilement à comprendre si l'on compare tout d'abord des objets très-dissemblables. Enfin, l'examen de ces Reptiles si remarquables des périodes géologiques, comparés aux types de l'époque actuelle, complète l'œuvre de Cuvier en ce qui concerne les Reptiles. Les Ophidiens n'ont pas eu leur place dans son vaste ouvrage.

Depuis cette publication, il n'a paru aucun travail contenant autant de faits capables d'éclairer sur les modifications du type erpétologique et sur les affinités qu'offrent entre eux les représentants des divers groupes.

*

Dans le temps qui suivit la publication des Recherches sur les ossements fossiles, parurent plusieurs petits mémoires relatifs à l'organisation des Reptiles.

Un naturaliste américain, Hentz, mit au jour quelques observations portant particulièrement sur la

(1) « Et Cuvier lui-même adhérait à ces idées d'unité, qu'il avait méconnues d'abord et qu'il devait un jour combattre. » — *Vie, travaux et doctrine scientifique d'Étienne Geoffroy Saint-Hilaire*, p. 167. (Voir aussi la note 3 au bas de la même page et page 168.)

circulation du sang et sur la structure du cœur chez le Crocodile; c'est là qu'on trouve pour la première fois une description exacte des cavités du cœur dans ce type remarquable de la classe des Reptiles (1).

De son côté le docteur Harlan, de Philadelphie, présenta quelques remarques sur un type de Sauriens (*Cyclura carinata*) et des observations sur la circulation chez le Crocodile, dans le but, selon l'auteur, d'éclairer les principaux faits relatifs à cette fonction chez les Sauriens (2). On ignorait à cette époque combien, sous ce rapport, les Crocodiles diffèrent des Sauriens.

L'avortement du bassin chez quelques Sauriens et chez les Ophidiens fut en Allemagne l'objet d'une étude spéciale de la part de Mayer (3).

Dans le cours de la même année, un observateur du nom de Sicherer fit connaître l'ostéologie d'un type de Sauriens (*Seps tridactylus*) (4) chez lequel les membres sont rudimentaires. A cette époque les Sauriens, entièrement privés de membres, étaient classés dans les Ophidiens par la plupart des zoologistes. L'auteur, en montrant comme il l'a fait l'analogie entre les uns et les autres, contribuait donc beaucoup à mettre en évidence des rapports naturels alors très-contestés, mais il ne paraît pas que ses observations aient été connues des naturalistes.

De 1824 à 1825, un anatomiste français, Antoine Desmoulins, dans son travail sur le système nerveux des animaux vertébrés (5), a donné la description du cerveau et des principaux nerfs de plusieurs Reptiles, en faisant précéder la partie essentielle de son ouvrage de considérations sur le système osseux.

M. Thomas Bell, en Angleterre, a examiné un genre de Sauriens (les Anolis) dont la gorge se dilate considérablement dans certains cas, ce qui a fait dire aux naturalistes que ces Reptiles portent sous la gorge un fanon ou un goître qu'ils enflent à volonté. D'après les observations de M. Bell, cette dilatation fréquente est déterminée par l'os hyoïde et les muscles qui le mettent en jeu (6).

Le même auteur s'est occupé ensuite des glandes odoriférantes chez les Crocodiles. Il en décrit les orifices et les muscles (7).

Peu après, le docteur Schlemm, de Berlin, a donné de nouveaux détails sur la structure du cœur et sur le trajet des principaux vaisseaux chez les Ophidiens (8); et Meckel s'est occupé d'une manière spéciale des glandes de la tête chez les Serpents (9).

(1) *Some observations on the anatomy and physiology of the Alligator of North-America.* — *Lacerta alligator* Gmel. — *Alligator lucius* Cuvier. — Transactions of the American philosophical Society, held at Philadelphia; new series, vol. II, p. 246 (1825). — Et *Letter from Dr Harlan to N. M. Hentz*, containing some further observations on the physiology of the Alligator. *L. c.*, p. 226.

(2) *Description of two species of Linnean Lacerta.* — Journal of the Academy of natural sciences of Philadelphia, t. IV, part. 2. p. 242 (1825).

(3) *Ueber die hintere Extræmität der Ophidier*, von Dr Mayer. — *Nova acta physico-medica Academ. nat. Curiosorum*, t. XII. P. 2, S. 819, Tab. 66 et 67 (1825).

(4) *Seps tridactylus.* — Dissertatio inauguralis, auct. Philippus Fridericus Sicherer (Tubingæ, 1825).

(5) *Anatomie du système nerveux des animaux vertébrés*, 2 vol., Atlas in-4° (1825).

(6) *Observations on the structure of the Throat in the genus Anolis.* — Zoological Journal, t. II, p. 11, pl. II, fig. 1-3 (1825).

(7) *On the structure and use of the submaxillary odoriferous gland in the genus Crocodilus.* — Philosophical Transactions of the royal Society, part. 1, p. 132, pl. XI (1827).

(8) *Anatomische Beschreibung des Blutgefäss-Systems der Schlangen*, von Dr Friedrich Schlemm. — Zeitschrift für Physiologie von Tiedemann et Treviranus, Bd II, S. 101, Taf. VII (1826).

(9) *Ueber die Kopfdrüsen der Schlangen*, von J. F. Meckel. — Archiv für Anatomie und Physiologie, p. 1 (1826).

En 1827 parut l'ouvrage souvent cité de M. Serres sur l'anatomie du cerveau des Vertébrés (1). Dans ce grand travail, l'auteur a eu l'heureuse idée de rechercher le plan fondamental commun dans le cerveau de tous les animaux vertébrés, et de comparer les adultes et les embryons. M. Serres a montré les analogies du cerveau des Reptiles avec celui des Poissons, des Oiseaux et des Mammifères, pendant leur état embryonnaire, ainsi que celles des principaux nerfs. Mais c'est surtout pour les autres classes des Vertébrés que nous aurons à citer avec détails l'ouvrage de M. Serres.

Durant le cours de la même année, M. le docteur Emmanuel Rousseau a comparé les dents de plusieurs Reptiles à celles des Mammifères et des Oiseaux (2).

Les organes de la vision des Reptiles ont été étudiés par A. Fricker (3).

Quelques considérations ont été présentées relativement aux membres des Reptiles par le docteur R. Wagner (4).

Les glandes des Serpents, qui avaient souvent occupé les naturalistes, sans qu'elles aient été pour cela bien étudiées, ont été l'objet d'un travail particulier de la part d'un savant erpétologiste, M. Schlegel (5). Ce naturaliste a décrit et comparé entre elles les glandes des Serpents non venimeux et des Serpents venimeux, ainsi que leurs conduits excréteurs.

Le Caméléon commun, si souvent observé par les anciens naturalistes, a été étudié de nouveau par un anatomiste de la Hollande, M. Vrolik (6). Ce savant, dans son mémoire, traite longuement des changements de couleurs du Caméléon, de ce sujet de tant de mémoires et de notices qui jusqu'à présent ont laissé la question irrésolue. M. Vrolik a donné une description détaillée des muscles de la langue, dans le but de déterminer la cause des mouvements brusques de cet organe, mouvements qu'il attribue essentiellement au jeu de l'os hyoïde. Il a joint à cela quelques remarques sur les viscères, et une description du squelette accompagné de figures. Jusque-là les os de la tête du Caméléon commun n'avaient pas été étudiés. On les trouve dans le travail de l'anatomiste hollandais représentés, décrits et déterminés d'après les observations faites par Cuvier sur deux espèces exotiques du même genre.

M. Vrolik avait déjà publié quelques remarques sur les principaux viscères d'une espèce de Crocodile (*Alligator sclerops*) (7).

(1) *Anatomie du cerveau dans les quatre classes des animaux vertébrés.* — Paris (1827), t. I, p.

(2) *Anatomie comparée du système dentaire chez l'homme et les principaux animaux vertébrés.* — Paris, in-8° (1827), p. 230, planche XXX.

(3) *De oculo Reptilium.* — Tubingæ, in-4° (1827).

(4) *Ueber die Knie- und Ellenbogenscheibe in dem Thierreiche.* — Heusinger's Zeitschrift für die organische Physik, t. I, p. 585-592 (1827).

(5) *Onderzoeking von de Speekselklieren der Slangen met gegroefde Tanden, in Vergelijking met die der niet giftige en giftige.* — Bijdragen tot de Natuurkundige Wetenschappen, tw. Deel, Bl. 536 (1827). — Traduit en allemand : *Untersuchungen der Speicheldrüsen bei den Schlangen*, etc. — Nova Acta physico-medica Academ. natur. Curiosorum, t. XII, pars II, p. 443 (1828).

(6) *Natuur- en Ontleedkundige Opmerkingen over den Chameleon*, door W. Vrolik. — Amsterdam (1827).

(7) *Opmerkingen bij de Ontleding van eenen Kaiman.* — Bijdragen tot de natuurkundige Wetenschappen, Deel I, Bl. 77 (1826).

Peu après parut en Irlande un mémoire spécial sur la langue du Caméléon, par le docteur Houston (1), qui n'eut pas connaissance des recherches de son devancier. Il y a dans cet opuscule une description de la langue, de ses muscles et de ses vaisseaux, accompagnée de figures bien préférables à tout ce que l'on possédait alors sur le même sujet. De l'ensemble de ces observations, l'auteur en vient à conclure que « l'allongement subit de la langue chez le Caméléon est déterminé en partie par » l'os hyoïde qui se porte en avant, et principalement par le sang qui afflue dans les innombrables » vaisseaux de l'organe, distend et allonge sa portion érectile, et que le replacement dans la bouche est » effectué par le retrait de l'os hyoïde et ensuite de la turgescence, aidé en cela par la contraction des » muscles hypoglosses. »

En 1828, MM. Isidore Geoffroy Saint-Hilaire et Martin Saint-Ange dirigeaient leur attention sur un point spécial de l'organisation des Tortues et du Crocodile (2). Ces naturalistes ont décrit la disposition du cloaque, du clitoris et des corps caverneux chez les Tortues. Ils ont surtout fait connaître deux canaux qui dans ces animaux mettent la cavité du péritoine en communication avec les corps caverneux. Ces passages ont été désignés par les auteurs sous le nom de *canaux péritonéaux*. Un peu plus tard, MM. Isidore Geoffroy Saint-Hilaire et Martin Saint-Ange, ayant obtenu un individu du genre Émyde, s'assurèrent de l'exactitude de leurs premières observations, et comme résultat de l'ensemble de leurs recherches ils donnèrent le résumé suivant : « Les canaux péritonéaux chez les Tortues et le » Crocodile se divisent à leur extrémité en deux branches, dont l'une va s'ouvrir dans le cloaque et » dont l'autre se porte aux corps caverneux ; mais il y a cette différence fort importante sous le point » de vue physiologique que cette seconde branche s'ouvre dans la cavité des corps caverneux chez les » Tortues, et qu'elle se termine en cul-de-sac chez le Crocodile » (3).

La disparition des membres chez un grand nombre de Reptiles plus ou moins voisins de ceux qui en sont pourvus devait nécessairement amener des recherches spéciales de la part des anatomistes.

En 1829, Heusinger fit une étude assez approfondie du bassin des Sauriens privés de membres et des Ophidiens ; l'auteur a comparé avec soin la myologie de ces parties dans les différents genres de Reptiles privés de membres (4).

Dans le même temps M. J. Müller étudiait quelques particularités relatives aux organes des sens dans plusieurs Reptiles (5), et ensuite les glandes nasales et les glandes salivaires chez les Serpents (6).

Peu après parut du même auteur un très-important travail relatif à divers points de l'organisation de plusieurs types de Sauriens et d'Ophidiens (7). Dans ce mémoire se trouve une étude sur l'Orvet (*Anguis*) comparé aux Sauriens dont les membres avortent plus ou moins (*Bipes*, *Pseudopus*, *Ophi-*

(1) *An Essay on the structur and mechanism of the tongue of the Chameleon*, by John Houston. — Transactions of the royal Irish. Academy (1828).

(2) *Recherches anatomiques* sur deux canaux qui mettent la cavité du péritoine en communication avec les corps caverneux chez la Tortue femelle et sur leurs analogues chez le Crocodile, etc. — Annales des sciences naturelles, 1re série, t. XIII, p. 153 (1828) — Et *Note* sur les canaux péritonéaux des Émydes et du Crocodile mâles. — Addition au mémoire précédent. — *L. cit.*, p. 201.

(3) *Note additionnelle* au mémoire sur les canaux péritonéaux de la Tortue et du Crocodile. — *L. cit.*, p. 447.

(4) *Untersuchungen über die Extremitäten der Ophidier, nebst Bemerkungen über die Extremitäten-Entwickelungen in Allgemeinen.* — Zeitschrift für die organische Physik, t. III, p. 481-489 (1829).

(5) *Vergleichende Physiologie des Gesichtsinnes.*

(6) *Ueber die Nasendrüse der Schlangen.* — Meckel's Archiv für Anatomie und Physiologie, t. IV, p. 70 (1829). — Et *De Glandularum secernentium structura penitiori*, p. 57 (1830).

(7) *Beiträge zur Anatomie und Naturgeschichte der Amphibien.* — Tiedeman's und Treviranus Zeitschrift für Physiologie, Bd IV, S. 190, Taf. XVIII-XXII (1832).

saurus.) A cette époque, quelques naturalistes avaient déjà parfaitement reconnu les analogies existant entre ce type et les Sauriens à écailles imbriquées; néanmoins Cuvier, se fondant toujours sur la présence ou sur l'absence de membres pour distinguer les Ophidiens des Sauriens, rangeait encore les Orvets avec les Serpents dans la seconde édition du *Règne animal* qu'il venait de publier. M. Müller montra que le crâne de l'Orvet était de tous points semblable à celui de plusieurs Sauriens, et notamment des Seps; que les vertèbres présentaient les mêmes analogies; que les rudiments du bassin, chez les *Pseudopus*, *Bipes*, *Ophisaurus* et *Anguis* offraient la plus grande ressemblance. Remarquant combien est différent l'os hyoïde des Sauriens et des Ophidiens, il établit encore de ce côté les véritables rapports des Orvets. Enfin la présence ou l'absence des paupières, diverses particularités de l'appareil circulatoire et des organes respiratoires conduisent l'auteur à mettre en opposition la plupart des caractères distinctifs des Ophidiens et des Sauriens. Il confirme ainsi, par un ensemble de faits, des vues déjà émises par quelques zoologistes.

Passant à un autre type (le genre *Acontias*), le professeur Müller, d'après l'étude du squelette et un aperçu des principaux viscères, en démontre les rapports naturels. De ses recherches il arrive à ces conclusions : que le crâne des *Acontias* ressemble plus à celui des Sauriens qu'à celui des Ophidiens; que les *Acontias* et les *Anguis* appartiennent à la même famille, et que, entre ces deux types, le crâne présente des différences notables.

En dernière analyse, l'habile anatomiste formule, d'après l'ensemble de ses observations, une classification des Sauriens (1).

M. J. Müller en vient aux Ophidiens. C'est d'abord le genre *Typhlops* dont il examine les caractères, dont il fait connaître l'ostéologie et plusieurs particularités de leurs principaux organes; puis ce sont les Serpents ayant l'extrémité du corps munie d'une plaque cornée; les Rhinophis et les Uropeltis, dont il décrit les caractères et surtout les os de la tête; les *Chirotes*, *Lepidosternon*, *Amphisbæna* et un nouveau genre de la même famille (*Cephalopeltis*) qu'il étudie sous les mêmes rapports que les précédents. Tout en plaçant les Amphisbènes parmi les Serpents, M. Müller signale plusieurs des différences que ces Reptiles présentent avec les vrais Ophidiens et constate leurs analogies avec les derniers Sauriens (*Anguidæ*). Comme on le sait, certains erpétologistes ont classé les Amphisbènes et les Chirotes à la fin de l'ordre des Sauriens, d'autres en ont formé un ordre particulier (*Saurophidiens* Ch. Bonaparte et *Angues* Wagler, comprenant aussi les Chalcis).

Enfin M. Müller décrit les os de la tête et quelques autres caractères des Tortrix, et, dans un dernier chapitre, il établit plusieurs divisions parmi les Serpents « d'après les *principes anatomiques* (2). »

Nous avons cru devoir mentionner ce beau mémoire avec un peu de détail; nous avons voulu en montrer l'esprit : il est du très-petit nombre des travaux sur l'organisation des Reptiles qui contiennent beaucoup de faits bien observés.

(1) « On peut, d'après cela, dit M. Müller, établir raisonnablement, dans l'ordre des Sauriens, les familles suivantes : 1, Monitores; 2, Lacertæ; 3, Iguanæ; 4, Chamæleones; 5, Geckones; 6, Chalcidica; 7, Scincoidea; 8, Anguina. A la famille des *Scincoidea* appartiennent les *Scincus* et les *Seps* : à la famille des *Anguina* appartiennent les *Bipes*, *Pygopus*, *Pseudopus*, *Anguis*, *Ophisaurus*, *Acontias*. » *Loc. citat.*, p. 237.

(2) M. Müller divise les Ophidiens en deux sections : *Microstomata* et *Macrostomata*; la première comprenant quatre familles : AMPHISBÆNOIDEA, genres Amphisbæna, Lepidosternon, Cephalopeltis, Trogonophis. — TYPHLOPINA, genre Typhlops. — UROPELTACEA, genres Rhinophis, Uropeltis. — TORTRICINA, genres Tortrix, Cylindrophis. — La seconde comprenant sept familles : OLIGODONTA, genre Oligodon. — HOLODONTA, genre Python. — ISODONTA, genres Boa, Dryinus, Coluber, etc. — HETERODONTA, genres Tropidonotus, Coronella, Dendrophis, etc. — AMPHIBOLA. — ANTIOCHALINA, genres Naja, Hydrophis, etc. — HOLOCHALINA, genres Elaps, Crotalus, Vipera, Trigonocephalus, etc.

Pendant les années qui avaient produit les derniers travaux que nous venons de mentionner, Meckel avait commencé à faire paraître son *Système d'anatomie comparée*, dont la publication n'a été achevée qu'en 1833 (1). Cet ouvrage renferme des descriptions assez étendues des différents organes chez les Reptiles, mais peu de faits nouveaux; on y trouve pourtant des détails nombreux sur le crâne, sur l'appareil digestif, etc. Dans ce traité, Meckel a donné une description du cœur des Crocodiles qui est devenue un point de départ pour la plupart des recherches ultérieures sur ce sujet; seulement, il faut le remarquer, le célèbre professeur de Halle s'est contenté de comparer le résultat de ses investigations aux faits énoncés par Cuvier. Comme tous les naturalistes qui depuis se sont occupés de la même question, il n'avait point connaissance du mémoire de Hentz que nous avons cité (2).

Nous voyons revenir à chaque époque de nouvelles dissertations sur les changements de couleurs que subissent les Caméléons; et pourtant les causes qui déterminent ces effets si remarquables continuent à rester aussi obscures aux yeux des naturalistes. En 1829, M. Spittal publie sur ce sujet des observations intéressantes, et il émet l'opinion que les variations de couleurs du Caméléon dépendent particulièrement de l'état des poumons (3); peu après un zoologiste de la Hollande, M. Van der Hoeven, s'attache à montrer, en s'appuyant de figures bien exécutées, les changements constatés chez un même animal par une suite d'observations (4).

Dans le même temps, l'un des plus célèbres naturalistes de la Suède, M. Retzius, mit au jour les résultats obtenus par la dissection d'une grande espèce de Serpents (*Python bivittatus*). Son mémoire contient une étude assez approfondie de la structure de l'œil et des détails étendus sur l'appareil alimentaire, les organes respiratoires, le cœur, les principaux troncs vasculaires, etc. L'auteur a eu soin d'établir des comparaisons avec les faits observés chez la Couleuvre (5).

En Amérique, le docteur Harlan s'est livré à des expériences sur l'action du venin des Serpents venimeux (*Crotalus*) et a présenté quelques remarques touchant les glandes vénénifiques (6).

En Angleterre, M. Richard Owen a fait connaître diverses particularités d'organisation dans les Crocodiles d'après une espèce américaine (*Crocodilus acutus*). Les faits observés par le savant anatomiste de Londres sont relatifs surtout à l'appareil alimentaire, aux membranes séreuses, à la trachée-artère, etc. (7).

M. Martin a entrepris quelques recherches sur l'anatomie d'une grande espèce de Tortue de l'Inde (*Testudo indica*), principalement en ce qui concerne l'appareil digestif (8), et peu après il a fait des observations sur les viscères d'un autre type de l'ordre des Chéloniens (*Chelydra serpentina*) qu'il regarde, à raison de la conformation des poumons et des organes urinaires, comme établissant une sorte

(1) *System der Vergleichenden Anatomie*, von J. F. Meckel. — Halle, 1821-1833. — Voyez aussi la traduction française.

(2) Voyez page 20.

(3) *Edinburgh new philosophical Journal*, 1829, t. I, p. 292.

(4) *Icones ad illustrandas coloris mutationes in Chamæleonte*, 1831 (avec 5 planches).

(5) *Anatomisk Undersökning öfver några delar af Python bivittatus jemte comparativa anmärkningar.* — *K. Vetenskaps-Academiens Handlingar*, p. 81 (1831).

(6) *Experiments made on the poison of the Rattlesnake*, etc. — *Transactions of the American philosophical Society.* — Philadelphia, new series, vol. III, p. 300 et 400 (1830).

(7) *Proceedings of the Zoological Society of London*, part. I, p. 139 et 169 (1831).

(8) *Loc. cit.*, p. 46 (1831).

de passage des Chéloniens aux Crocodiles (1). Il a mentionné encore plusieurs détails d'organisation dans un genre de Saurien (*Monitor*), particulièrement la distribution des principales artères (2).

M. Dillon a décrit le mode de respiration du *Boa* au moment où il avale sa proie (3), et M. Henslow a présenté des remarques contradictoires sur ce sujet d'après des observations faites sur les Couleuvres d'Europe (4).

D'un autre côté parut un mémoire de M. Vindischmann traitant d'un point peu étudié encore, la structure de l'oreille chez les Reptiles. Ce travail est divisé en deux parties : l'une a pour objet les Reptiles nus ou les Batraciens, l'autre, les Reptiles écailleux, c'est-à-dire les Reptiles dans les limites adoptées aujourd'hui pour cette classe du règne animal. On trouve là une description assez détaillée de l'oreille chez le Crocodile, la Tortue, les Lézards et les Serpents (5).

Peu d'années s'étaient écoulées depuis la publication de la partie de l'ouvrage sur les ossements fossiles de Cuvier qui traite des Reptiles, et déjà le groupe si remarquable des Ptérodactyles s'était enrichi de plusieurs espèces nouvelles; le docteur Goldfuss fit connaître avec soin et d'une manière comparative ces curieux débris zoologiques (6).

Souvent les organes de sécrétion des Serpents ont été un objet d'études pour les anatomistes, néanmoins il s'en faut de beaucoup que ces organes aient été examinés chez tous les types principaux avec le soin désirable. Après l'important travail de M. Schlegel que nous avons mentionné, M. Duvernoy a ajouté de nombreux faits de détail. Son mémoire, accompagné de figures nettement dessinées, a contribué notablement à avancer ce point spécial de l'organisation de certains Reptiles (7).

M. Lenz s'est particulièrement occupé du même sujet en traitant d'une manière générale de l'organisation des Ophidiens (8).

M. Alessandrini encore a publié un mémoire sur les glandes salivaires des Serpents (9).

Dans son étude sur l'os hyoïde, Etienne Geoffroy-Saint-Hilaire a donné pour les Reptiles la description de cet os, particulièrement chez la *Chelys matamata* et les Trionyx parmi les Chéloniens, chez le Lézard, le Monitor et le Sauvegarde parmi les Sauriens (10).

Dans ses recherches sur le nerf accessoire de Willis, M. Bischoff s'est occupé à ce point de vue des principaux types de la classe des Reptiles. Après avoir établi que le nerf accessoire de Willis, savamment représenté chez la Tortue par Bojanus, n'avait pas été reconnu dans les autres Reptiles, ou

(1) *Proceedings of the Zoological Society of London*, part. I, p. 129 (1831).

(2) *Loc. cit.*, p. 137 (1831).

(3) *Notice on the breathing-tube of the Boa.* — *The Magazine of natural history by Loudon*, vol. IV, p. 20 (1831).

(4) *The Magazine of natural history*, vol. IV, p. 279 (1831).

(5) *De penitiori auris in Amphibiis structura.* — Scrips. Car. J. H. Windischmann. — Lipsiæ (1831).

(6) *Beiträge zur kenntniss verschiedener Reptilien der Vorwelt.* — *Nova acta physico-medica Acad. cæs. Leop. Car. naturæ Curiosorum*, t. XV, pars I, p. 61, tab. VII-XIII (1831).

(7) *Mémoire sur les caractères tirés de l'anatomie pour distinguer les Serpents venimeux des Serpents non venimeux.* — *Annales des sciences naturelles*, 1re série, t. XXVI, p. 113, pl. V-X (1832).

(8) *Schlangenkunde* von dr Harald Othmar Lenz. — Gotha (1832).

(9) *Ricerche sulle glandole salivali dei Serpenti a denti solcati o veleniferi confrontate con quelle proprie delle specie non velenate di Schlegel.* — Journal polygraphe de Vérone, fasc. XXVIII, p. 47 (1832).

(10) *Observations sur la concordance des parties de l'hyoïde dans les quatre classes des Animaux vertébrés*, etc. — *Nouvelles Annales du Muséum*, t. I, p. 321 (1832).

même avait été nié formellement, il décrit ce nerf, ainsi que l'origine du pneumogastrique chez un jeune Crocodile (*Crocodilus sclerops*), chez l'Iguane (*Iguana delicatissima*), chez l'Amphisbène (*Amphisbæna alba*) et chez le Lézard (*Lacerta ocellata*). Des figures accompagnent cette description. On peut dire que là encore il y a quelques faits nettement exposés (1).

Weber, dans ses *Matériaux d'anatomie et physiologie*, a traité de la circulation chez les Reptiles. Le cœur du Crocodile a été l'objet d'une étude particulière de la part de cet anatomiste (2).

Dans un tableau destiné à mettre en opposition les caractères de l'appareil circulatoire dans les différentes classes d'animaux vertébrés, M. Martin Saint-Ange a représenté le cœur d'une espèce de Crocodile (3).

*

Pendant le cours de l'année 1833, on vit paraître une série assez nombreuse de travaux relatifs à l'organisation des Reptiles; quelques-uns d'entre eux ont une véritable importance.

Breschet, dans ses *Études sur l'organe de l'ouïe*, présenta plusieurs remarques touchant l'appareil auditif des Reptiles (4) et donna en outre une description du plexus nerveux du tympan dans la Couleuvre à collier (5).

M. Duvernoy fit de nouvelles recherches sur les glandes de quelques espèces de Couleuvres; il reconnut l'existence simultanée de grosses dents maxillaires postérieures et de glandes venimeuses chez des espèces jusque-là réputées innocentes. De plus, il signala diverses particularités anatomiques concernant la rate, le pancréas, le foie, ainsi que le canal alimentaire des Ophidiens (6).

Mais à cette époque ce fut un naturaliste italien qui produisit l'œuvre la plus remarquable sur l'organisation du type zoologique qui nous occupe ici, Panizza mit au jour un travail d'une grande importance sur le système lymphatique des Reptiles (7). Le célèbre professeur de l'Université de Pavie, qui s'était déjà occupé du sujet (8), décrivit avec détail et représenta magnifiquement l'appareil lymphatique chez les principaux types de la classe des Reptiles; presque partout il constata son énorme développement, mais il est bon de faire remarquer que ces vaisseaux à parois délicates, étant injectés avec du mercure, sont représentés distendus d'une manière tout à fait anormale. Panizza signala comme un fait général que presque toutes les lymphatiques viennent aboutir à un réservoir commun ou aux deux conduits thoraciques, qui en sont une dépendance, et que de ces conduits la lymphe est versée dans les veines situées au voisinage du cœur par de très-petites fentes munies de valvules destinées à empêcher le reflux et à modérer l'épanchement du liquide, de façon que son mélange avec le sang ne s'opère qu'en juste proportion. L'habile anatomiste italien découvrit en outre chez les Couleuvres, les Lézards et les Crocodiles deux vésicules pulsatiles logées dans la région pelvienne. Ce sont les *cœurs*

(1) *Nervi accessorii Willisii Anatomia et Physiologia.* Commentatio scrips. L. W. Th. Bischoff, p. 43, tab. v. — Darmstadii (1832).

(2) *Beiträge zür Anatomie und Physiologie* von M. J. Weber. — Bonn (1832).

(3) *Tableau de la circulation dans les quatre classes d'Animaux vertébrés.* — Paris, in-folio (1832).

(4) *Études anatomiques et physiologiques sur l'organe de l'ouïe et sur l'audition dans l'Homme et les Animaux vertébrés.* — In-4° (1833), et 2e édit., *Recherches anatomiques*, etc. (1836).

(5) 2e édit., p. 257.

(6) *Fragments d'anatomie sur l'organisation des Serpents.* — *Annales des sciences naturelles*, 1re série, t. XXX, p. 5 et 113 (1833).

(7) *Sopra il sistema linfatico dei Rettili.* — *Ricerche zootomiche.* — Pavia, in-folio con sei tavole (1833). — Extraits, *Biblioteca italiana*, t. LXX, p. 87 (1833), et *Annales des sciences naturelles*, 2e série, t. I, p. 360 (1834).

(8) *Osservazioni anthropozootomico fisologiche.*

lymphatiques de la plupart des anatomistes d'aujourd'hui. L'auteur reconnut que ces vésicules sont douées d'un mouvement de systole et de diastole, mouvement bien caractérisé, mais non pas isochrone comme celui du cœur. Ces vésicules, recevant une partie de la lymphe, la chassent dans une veine capillaire et de là dans les veines crurales et les veines caudales.

Les recherches de Panizza sont venues combler une lacune dans la connaissance que possédaient alors les anatomistes de l'organisation des Reptiles.

L'étude du système lymphatique chez ces animaux avait toujours été négligée. Depuis les observations bien imparfaites de Hewson publiées auparavant (1), rien n'avait été fait sur ce sujet.

Nous devons encore ajouter que Panizza ne se contenta pas d'étudier le système lymphatique, il porta également une attention sérieuse sur le système sanguin et les viscères des animaux choisis pour ses recherches spéciales.

Nous n'en avons pas fini avec le savant professeur de Pavie. La structure du cœur chez le Crocodile, dont les notions les plus exactes avaient été introduites dans la science par Hentz et par Meckel, devint aussi l'objet d'investigations attentives de la part de Panizza. Selon toute apparence, l'anatomiste italien ignorait les observations de ses devanciers. Comme ceux-ci, il constata que le cœur chez les Crocodiles est divisé d'une manière parfaite en deux cavités, au moyen d'une cloison musculaire. De cette disposition il conclut naturellement que le *caractère classique* assigné par tous les naturalistes au cœur des Reptiles d'être uniloculaire (bien qu'il existe chez quelques-uns une cloison incomplète) n'est pas applicable aux Crocodiles. L'auteur décrivit aussi les valvules placées à l'entrée des oreillettes et les principaux troncs artériels; il insista particulièrement sur la présence d'une ouverture située à la base du cœur, établissant une communication directe entre la grande aorte et l'aorte gauche à leur point de contact, de telle sorte qu'un mélange de sang artériel et de sang veineux ne peut manquer de s'opérer. Ainsi, la conformation du cœur des Crocodiles est reconnue comme très-semblable à celle du cœur des Mammifères et des Oiseaux; mais, par suite de l'observation de Panizza, d'un orifice dans les parois de la grande aorte et de l'artère pulmonaire, il devient évident que le mélange du sang veineux et du sang artériel, qui chez tous les autres Reptiles a lieu dans la cavité du cœur, s'effectue chez les Crocodiles par cet étroit passage, au moins dans une certaine mesure (2).

La communication observée par Panizza entre l'artère pulmonaire et l'aorte dans le Crocodile était, d'un autre côté, signalée à peu près en même temps par M. Martin Saint-Ange (3); mais il est juste de reconnaître qu'ici l'ensemble des faits ne fut pas constaté avec la même rigueur.

D'autre part, M. Mayer exposa le résultat de ses recherches sur le même sujet; la communication entre la grande aorte et l'artère pulmonaire lui avait échappé (4). Ainsi, dans l'espace d'une année à peu près, le cœur des Crocodiles avait bien occupé les anatomistes. Weber, Meckel, Panizza, M. Martin Saint-Ange, M. Mayer avaient livré leurs observations à cet égard.

Toujours dans le même temps, M. J. Müller, dans un mémoire sur les cœurs lymphatiques des Batraciens, et particulièrement des Grenouilles, signala la présence des mêmes organes chez les Lézards à la base de leur queue (5). Cette observation confirmait celle de Panizza, dont le savant professeur de Berlin n'avait pas encore connaissance.

(1) *An account of the lymphatic system in Amphibious animals and in Fishes.* — *Philosophical Transactions*, t. I, p. 178, et *Journal de physique.* — Introduction, t. I, p. 350 et 604.

(2) *Sulla struttura del cuore et sulla circolazione del sangue del* Crocodilus lucius. — *Bibliotheca italiana*, t. LXX, p. 87. — Milano (1833).

(3) *Revue encyclopédique*, t. LVII, p. 408 (1833).

(4) *Froriep's notizen*, n° 796 (1833).

(5) *Philosophical Transactions of the royal Society*, part. I, p. 89 (1833).

D'un autre côté, le même auteur déclara que tous les Reptiles ont un pénis, que c'est à tort qu'on a pu regarder le Caméléon comme en étant privé, qu'il existe à la place ordinaire chez cet animal, où il est très-petit (1).

Deux auteurs se livrèrent simultanément à des recherches spéciales sur les pores des cuisses et sur les glandes fémorales qu'on observe chez divers Sauriens; l'un, M. Meisner, de Bâle, fit une étude approfondie de ces parties (2); l'autre, M. le docteur Otth, de Berne, compara les papilles aux durillons de la main des Grenouilles (3); mais, d'après toutes les observations, ce sont en réalité des glandes, comme le fait observer M. J. Müller dans l'un de ses rapports sur les travaux d'anatomie et de physiologie.

Pendant le cours de la même année, la palæontologie erpétologique a eu sa part dans les recherches des naturalistes. Étienne Geoffroy-Saint-Hilaire a publié dans plusieurs mémoires de nouvelles observations sur les Crocodiles fossiles du genre Teleosaurus (4). Ce type lui a servi à traiter plusieurs questions générales. Il s'est occupé aussi des lames osseuses du palais dans les principales familles d'animaux vertébrés, et plus particulièrement sur la spécialité de leur forme, chez les Crocodiles et les Téléosauriens; des formes de *l'arrière-crâne* chez les Crocodiles et les Téléosaures et des pièces osseuses de l'oreille chez ces Reptiles.

Mantell a fait connaître les débris d'un gigantesque fossile du genre *Iguanodon* et un nouveau type de Saurien, le genre *Hylæosaurus* (5).

*

Les changements de couleurs que subit le Caméléon n'ont pas cessé de préoccuper les naturalistes. M. Milne-Edwards profite d'une circonstance, non pas pour s'abandonner à des conjectures comme l'avaient fait déjà la plupart des observateurs, mais pour se livrer à une véritable recherche. Ce zoologiste étudie la structure de la peau, et particulièrement les couches pigmentaires, et il est amené par cette étude à conclure « que le changement de couleurs des Caméléons ne dépend essentiellement ni du » gonflement plus ou moins considérable de leur corps et des changements qui peuvent en résulter sur » l'état de leur sang ou de la circulation, ni de la distance plus ou moins considérable que les tuber- » cules laissent entre eux; qu'il existe dans la peau de ces animaux deux couches de pigment super- » posées, mais disposées de façon à se montrer simultanément ou bien à se cacher l'une au-dessous de » l'autre; que tout ce qu'il y a d'anomal dans les changements de couleur éprouvés par les Caméléons » peut être expliqué par l'apparition du pigment de la couche profonde en quantité plus ou moins » considérable au milieu du pigment de la couche superficielle, ou sa disparition au-dessous de cette » couche (6). »

Dans le même temps Carus publie son *Manuel d'anatomie comparée*, qui contient une courte exposition des caractères organiques des Reptiles; ce n'est pas dans cet ouvrage qu'il faut chercher de nouveaux faits (7).

(1) Voy. Müller's *Archiv*, s. 58 (1834).

(2) C. F. Meisner, *De Amphibiorum quorundam papillis glandulisque femoralibus.* — Basileæ (1833).

(3) *Ueber die Schenkelwarzen der Eidechsen* von Ad. Otth. — *Tiedemann's und Treviranus Zeitschrift für Physiologie.* — Bd. V, s. 101 (1833).

(4) *Mémoires de l'Académie des sciences de l'Institut*, t. X, p. 3, 27, 43 et 93, pl. I (1833).

(5) *London and Edinburgh Philosophical Magazine*, t. II, p. 450 (1833).

(6) *Note sur les changements de couleurs du Caméléon.* — *Annales des sciences naturelles*, 2e série, t. I, p. 46 (1834).

(7) *Lehrbuch der Vergleichenden Anatomie.* — 2 vol. avec atlas. — Leipzig (1834).

M. le professeur Alessandrini, de Bologne, fait une étude spéciale d'abord de l'os hyoïde et des muscles de la langue des Tortues (1) et ensuite de leur larynx (2).

Un naturaliste de la Hollande, M. Giltay, met au jour un travail sur le nerf sympathique, dans lequel une partie est consacrée spécialement aux Reptiles (3).

En Italie encore, M. Losana s'attache à décrire l'os hyoïde et ses muscles chez la Couleuvre, la Vipère, l'Orvet, le Seps et le Lézard. L'auteur donne des figures de l'os hyoïde, dont on avait déjà une connaissance complète, et néglige, au contraire, de le faire pour ses muscles, qu'il eût été plus utile de représenter (4).

Il est à peine besoin de mentionner ici une description du squelette d'un Crocodile de l'Inde, publiée en Allemagne sous forme de thèse, l'auteur ne s'étant livré à aucune comparaison (5); il en est de même de certaines observations sur la reproduction de la queue chez les Lézards, qui n'ajoutent à peu près rien aux faits déjà connus (6).

La myologie des Ophidiens a été souvent l'objet des observations des anatomistes. Nous avons cité les travaux de Home, de Hübner, de Meckel, de Mayer, de Heusinger, de Duvernoy; ce sujet est repris par un naturaliste de l'Allemagne, le professeur d'Alton. Celui-ci donne une description détaillée et des figures de l'appareil musculaire du *Python bivittatus*, espèce de l'Inde, très-favorable pour une semblable recherche, à cause de ses grandes dimensions. L'auteur a en vue de compléter l'œuvre de ses devanciers et de n'omettre aucun détail; son travail se divise en trois parties : la première relative aux muscles de la tête, la deuxième aux muscles du tronc, et la troisième aux muscles de la queue. C'est une description fort étendue; malheureusement la myologie des Ophidiens ne s'y trouve comparée en aucune façon à celle des autres types de Vertébrés (7).

*

Pendant l'année 1835 plusieurs travaux importants concernant l'organisation des Reptiles sont venus enrichir la science.

Un anatomiste anglais, M. Swan, dans son ouvrage général sur la névrologie des animaux, a exposé l'ensemble du système nerveux des Tortues marines (*Chelonia*) et d'une grande espèce de Serpents (8). Quatre planches dans ce livre sont consacrées à la représentation de la névrologie de la *Testudo midas*, une à celle du grand sympathique de la *Testudo imbricata*, et trois autres au système nerveux du *Boa constrictor* considéré comme type du groupe des Serpents.

C'est ce que l'on a possédé à peu près jusqu'à présent de plus parfait sur le système nerveux des Reptiles. On trouve là beaucoup de détails bien représentés; entre autres, le grand sympathique chez un type d'Ophidiens, où il a été observé la plupart du temps d'une manière si imparfaite. Les planches de Swan sont d'une remarquable exécution, cependant certaines parties n'ont pas encore toute la net-

(1) Antonii Alessandrini, *de Testudinum lingua atque osso hyoideo*. — *Novi Commentarii Academiæ scientiarum Instituti Bononiensis*, t. I, p. 53 (1834).

(2) *De nervo sympathico*. — Lugduni Batavorum (1834).

(3) *De Testudinis comanæ larynge*. — *L. cit.*, p. 383 (1834).

(4) *Essai sur l'os hyoïde de quelques Reptiles*. — *Memorie della reale Academia delle scienze di Torino*, t. XXXVII, p. 4 (1834).

(5) *Osteologie des indischen Krokodils* von Ernst Bengel. — Tübingen (1834).

(6) *Mémoire sur la reproduction de la queue des Reptiles*, par M. H. Gachet. — *Actes de la Société linnéenne de Bordeaux*, t. VI (1834).

(7) *Beschreibung des Muskelsystems eines* Python bivittatus von prof. d[r] E. D. Alton. — Müller's *Archiv*. Jahrgang 1834, s. 346, 432, u. 528, taf. VII, X u. XII.

(8) *Illustrations of the comparative Anatomy of the nervous system* by Joseph Swan. Pl. XII-XVI et XVIII-XX. — London (1835).

été désirable. Ces figures, si séduisantes au premier abord et du reste si belles comparativement à presque tout ce qui a été produit ailleurs, ne satisfont pourtant pas d'une manière absolue quand on les examine en présence de préparations bien faites.

Dans cet ouvrage, le texte se borne à des explications de planches assez détaillées. Aucune comparaison entre les différents types zoologiques étudiés par l'auteur n'y est formulée.

M. Fohmann a fait connaître le résultat de quelques recherches sur l'estomac et les poumons d'une espèce de Serpent (*Acrochordus javanicus*). L'auteur a constaté chez cet Ophidien la séparation de l'estomac en deux sacs, comme chez le Crocodile, le second étant séparé du premier par une valvule (1).

Dans un Mémoire sur les organes de la déglutition des Oiseaux et des Reptiles (2), M. Duvernoy est revenu sur un sujet déjà bien souvent étudié : la langue des Caméléons et des Crocodiles. Il a décrit, chez le Caméléon, la langue sous le rapport de sa forme extérieure, l'os hyoïde, leurs muscles et les vaisseaux. Selon l'auteur, l'allongement subit de la langue est déterminé uniquement par l'effort simultané de tous les muscles qui tirent l'hyoïde en avant. M. Duvernoy s'est attaché aussi à faire connaître exactement les muscles de la langue des Crocodiles.

M. Mayer s'est occupé de divers points de l'organisation des Reptiles (3). Ainsi, on lui doit des observations de détail sur la langue et le larynx du Crocodile, quelques remarques sur les mêmes parties chez une espèce de Chélonia, une nouvelle description de l'extrémité postérieure d'un type de Saurien privé de membres (le genre *Pseudopus*), une étude de la langue du Caméléon, qui ajoute peu au travail de Houston, et plusieurs détails sur le larynx du même Saurien, une comparaison du mouvement circulatoire général dans les divers ordres de Reptiles, avec des figures du cœur d'une espèce de Tortue et d'une espèce d'Ophidien. M. Mayer enfin a donné une description succincte des principaux viscères de l'Amphisbène, une observation sur l'œuf d'un Crocodile, et il a exposé encore plusieurs faits touchant l'organe auditif des Reptiles.

Si l'organisation des Crocodiles est loin encore d'être bien étudiée, ce n'est pas faute d'avoir été l'objet d'investigations nombreuses; mais des observations incomplètes, des études superficielles, des recherches portant sur des détails, sur des points isolés, ne se rattachant à rien, fussent-elles par centaines, fussent-elles par milliers, ne profiteront jamais à la science comme un seul travail d'ensemble vraiment approfondi.

Un anatomiste anglais que nous avons déjà cité, M. Martin, a eu l'occasion de disséquer une espèce de Crocodile (*Crocodilus leptorhynchus*), non-seulement qui n'avait pas encore été examinée sous le rapport anatomique, mais qui même a été regardée comme nouvelle. M. Martin s'est attaché particulièrement à décrire l'appareil alimentaire et les organes de la génération du mâle; il n'a établi, du reste, presque aucune comparaison avec les faits déjà observés chez d'autres Crocodiles (4).

Pendant un séjour dans l'Inde, M. Lamare-Picquot a porté son attention sur les Serpents. Possédant une grande espèce de *Python*, le naturaliste voyageur vit l'animal enroulé sur ses œufs et constata une augmentation dans la chaleur du Serpent, qu'il compara à une poule qui couve.

Les observations de M. Lamare-Picquot ont été mentionnées et réfutées par M. Duméril dans un rapport à l'Académie des sciences (5).

(1) *Froriep's Notizen*, n° 957 (1835).

(2) *Mémoire sur quelques particularités des organes de la déglutition de la classe des Oiseaux et des Reptiles.* — *Mémoires de la Société du Muséum d'histoire naturelle de Strasbourg*, t. II (1835).

(3) *Analecten zur Vergleichenden Anatomie* von d^r A. F. J. C. Mayer. — Bonn (1835).

(4) *Notes on the dissection of* Crocodilus leptorhynchus Benn. — *Proceedings of the Zoological Society of London*, part. III, p. 129 (1835).

(5) Rapport fait le 19 mars 1832 par M. Duméril, sur un Mémoire de M. Lamare-Picquot relatif aux Serpents des Indes et à leur venin. — *Annales des sciences naturelles*, 2e série, t. III, p. 35 (1835).

Le mode de développement des dents venimeuses chez les Serpents a été suivi par Ant. Dugès, qui a présenté aussi quelques remarques sur les glandes d'une espèce de Couleuvre (1).

Un mouvement ciliaire a été constaté chez les Reptiles à la surface des parois internes des organes de la respiration et des organes sexuels des femelles, d'abord par MM. Purkinje et Valentin (2), et ensuite par M. William Sharpey (3); mais les recherches de ces auteurs ont porté plus particulièrement sur les Batraciens, bien qu'ils citent comme ayant été soumis à leur examen les Serpents et les Lézards.

On l'a vu, dans les années précédentes, la structure du cœur des Crocodiles semblait avoir été étudiée à l'envi par divers anatomistes. Les faits avaient été exposés surtout par Panizza d'une manière extrêmement nette. Cependant, à raison de certaines divergences dans les résultats présentés par les observateurs qui s'étaient occupés de ce sujet important, un savant de l'Allemagne crut devoir reprendre la question dans le but de l'élucider d'une façon absolue. Bien que ses recherches ne l'aient conduit à aucun nouveau résultat fort essentiel, comme il le dit lui-même dès la première page de son Mémoire, sa description détaillée et les figures correctes qui accompagnent son travail mettent beaucoup plus parfaitement en lumière la structure du cœur des Crocodiles que toutes les notices publiées antérieurement.

M. Bischoff a réellement fixé ce point intéressant de l'organisation des Reptiles (4).

M. Valentin a porté son attention sur l'arrangement des fibres musculaires dans les parois des cœurs lymphatiques; il y a vu des stries transversales comme dans celles du cœur et des muscles en général (5).

Le docteur Nagel a constaté l'existence de capsules surrénales chez les Tortues, les Crocodiles et les Serpents (6).

L'organe de la vue des Reptiles a été étudié par M. Fohmann (7).

M. E. d'Alton, qui s'était déjà occupé de la myologie des Ophidiens, a publié un travail étendu sur l'ostéologie du même type erpétologique. C'est une description fort détaillée de chacun des os de la tête et du tronc dans les Boas et les Pythons, avec des figures explicatives. De plus, l'auteur a fait des observations intéressantes sur les ouvertures du crâne qui donnent passage aux nerfs, ainsi que sur les parties osseuses de l'organe de l'ouïe (8).

M. Duvernoy est revenu sur un sujet qu'il avait déjà traité : les mouvements de la langue du Caméléon (9). M. Duméril a présenté à cet égard des observations contradictoires (10), et dans une nouvelle note, M. Duvernoy a défendu la théorie qu'il avait émise (11).

(1) *Remarques sur la Couleuvre de Montpellier, avec quelques observations sur le développement des dents venimeuses*, etc. — *Annales des sciences naturelles*, 2e série, t. III, p. 137 (1835).

(2) Müller's *Archiv*, jahrgang 1834, s. 391, et *Ann. des scienc. nat.*, 2e série, t. III, p. 347 (1835).

(3) *Edinburg new philosophical Journal*, vol. XIX, p. 114 (1835), et *Ann. des scienc. nat.*, 2e série, t. III, p. 357 (1835).

(4) *Ueber den Bau des Crocodil-Herzens*, besonders von *Crocodilus lucius*, von Theodor Ludwig Wilhelm Bischoff. — Müller's *Archiv*, jahrgang 1836, s. 1, taf. 1.

(5) *Repertorium für Anatomie und Physiologie*, s. 296.

(6) *Ueber die structur der Nebennieren.* — Müller's *Archiv*, jahrgang 1836, s. 365.

(7) *Bulletin de l'Académie royale de Bruxelles*, p. 275 (1836).

(8) *De Pythonis ac Boarum ossibus Commentatio.* — Halis (1836).

(9) *Comptes rendus de l'Académie des sciences*, t. II, p. 190, et *Ann. des scienc. nat.*, 2e série, t. V, p. 125 (1836).

(10) *Comptes rendus de l'Acad. des sciences*, t. II, p. 228 (1836), et *Ann. des scienc. nat.*, 2e série, t. V, p. 127 (1836).

(11) *Comptes rendus de l'Acad. des sciences*, t. II, p. 349 (1836), et *Ann. des scienc. nat.*, 2e série, t. V, p. 224 (1836).

En 1837, MM. Grimaux de Caux et Martin Saint-Ange ont donné une description des organes de la génération dans les Chéloniens et les Ophidiens, et une figure représentant avec exactitude les principaux viscères de la Couleuvre (1).

M. Hallmann s'est occupé d'une façon toute spéciale et d'une manière comparative des os de la région temporale chez les divers types d'animaux vertébrés. Pour les Reptiles, il a comparé cette portion du crâne dans les genres principaux. Ses figures sont pour la plupart des copies de celles de Cuvier. La tête d'une espèce de Tortue (*Trionyx ægyptiaca*) et celle du Caméléon commun sont seules représentées d'après nature (2).

Les vaisseaux des poumons dans les Ophidiens ont été soumis à un examen approfondi par M. Hyrtl. Cet anatomiste a constaté que chez les Serpents, les poumons recevaient d'autres artères que l'artère pulmonaire, et que des branches des artères hépatiques, œsophagiennes et gastriques s'anastomosaient avec des branches de l'artère pulmonaire (3).

De nouvelles observations sur l'anatomie des Crocodiles ont été publiées par M. Jaeger. Cette fois, c'est le Crocodile du Nil qui a été étudié (4).

M. Schlegel, le savant erpétologiste de la Hollande, a donné un exposé général des caractères anatomiques des Serpents (5). C'est un bon résumé des connaissances acquises sur ce sujet jusqu'à l'époque de sa publication.

Les découvertes paléontologiques concernant les Reptiles se sont succédé assez rapidement depuis la publication des *Ossements fossiles*, de Cuvier. M. Eudes Delongchamp a décrit avec soin les débris d'un grand Reptile rencontrés dans le calcaire de Caen (6), qu'il a cru appartenir à un type intermédiaire entre les Crocodiles et les Lézards, mais que depuis les paléontologistes ont tous rattachés aux Crocodilides, c'est-à-dire à l'ordre des Emydosauriens.

Pendant le cours de la même année, M. Fitzinger a fait connaître un autre type (*Palæosaurus*) qui appartient à un groupe de Sauriens lacertiformes (7).

En 1838 paraissent quelques observations d'un naturaliste de Berlin, M. Peters, relatives à l'anatomie des Chéloniens (8). Ce travail est bientôt suivi d'une notice spéciale du même auteur sur la configuration du squelette dans les mêmes animaux (9).

Il s'agit dans ces travaux de certains faits de détail que nous ne pouvons énumérer ici : ils auront leur place dans notre partie descriptive.

(1) *Physiologie de l'espèce et Histoire de la génération de l'Homme*, précédée de l'étude comparative de cette fonction dans les divisions principales du Règne animal, p. 56, pl. II. — Paris (1837).

(2) *Die Vergleichenden Osteologie des Schläfenbeins*. — Hannover (1837).

(3) *Strena anatomica de novis pulmonum vasis in Ophidiis nuper observatis*. — Pragæ (1837).

(4) *Beobachtungen über die Anatomie des Nilkrokodils*. — Tubingæ (1837).

(5) *Essai sur la Physionomie des Serpents*. — La Haye (1837).

(6) *Mémoire sur le* Pœkilopleuron Bucklandii. — *Mémoires de la Société linnéenne de Normandie*, t. VI, p. 37 (1837).

(7) *Annalen der Wiener Museums*, s. 171 (1837).

(8) *Observationes ad anatomiam Cheloniorum*. — Berolini (1838).

(9) *Ueber die Bildung des Schildkröten skelets*. — Müller's *Archiv*, Jahrgang 1839, s. 290, taf. XIV, fig. V-VII.

Les arcs aortiques et leurs branches sont décrits dans le Lézard (*Lacerta viridis*) par M. Hyrtl (1). Le même anatomiste fait connaître un réseau vasculaire dans la capsule oculaire des Serpents, et un réseau particulier dans la membrane hyaloïde de ces mêmes animaux, provenant d'une artère ciliaire à la face interne de la choroïde.

L'anatomie des viscères d'une grande espèce d'Ophidiens est publiée par deux naturalistes américains, MM. Hopkinson et Pancoast (2).

Les glandes intestinales des Reptiles, comme le foie, la rate et le pancréas, ont été observées et décrites chez un grand nombre de types par MM. Brotz et Wagemann (3).

M. Charles Vogt s'est attaché à faire connaître exactement les nerfs crâniens dans un type d'Ophidiens (4). Ses observations ont été suivies de remarques sur le grand sympathique par M. J. Müller (5).

A la même époque, M. Vogt a publié un mémoire étendu sur le système nerveux des Reptiles, accompagné de figures malheureusement d'une exécution qui laisse à désirer (6).

Néanmoins l'auteur ayant étudié un assez grand nombre de types des différents ordres de la classe des Reptiles, et ayant décrit avec soin plusieurs portions du système nerveux de ces animaux, son mémoire a une importance considérable. M. Vogt montre que les Crocodiles, regardés comme si différents des Sauriens sous le rapport de leur appareil circulatoire, s'en éloignent également à raison de leur système nerveux. Il établit encore que les Caméléons et les Amphisbènes d'autre part, diffèrent beaucoup par leur système nerveux céphalique de tous les autres Sauriens, qui, au contraire, présentent entre eux de ce côté la plus grande analogie.

Ce sont là des faits dont la constatation jette une véritable lumière sur des points très-essentiels de la science erpétologique.

M. Müller a joint à ses recherches sur les Myxinoïdes, comme termes de comparaison, une étude du cerveau des Crocodiles et de la partie antérieure du grand sympathique des Serpents (*Python* et *Crotalus*) et des Lézards (*Ameiva teguixin*) (7).

Un naturaliste de la Hollande que nous avons déjà cité, M. Van der Hoeven, est revenu sur le cœur des Crocodiles, en rappelant les observations de Hentz restées inconnues, comme il a été dit précédemment, aux anatomistes qui s'étaient particulièrement occupés de la question (8). Il a signalé quelques différences dans l'origine des principales artères suivant les espèces de Crocodiles.

M. Mandl a déterminé la grosseur des globules du sang chez une espèce de cette dernière famille (*Alligator lucius*) (9).

(1) Oesterreich Jahrbucher, t. XV, s. 379 (1838).

(2) *Transactions of the american philosophical Society*, vol. V, p. 121.

(3) J. Brotz et C. A. Wagemann, *de Amphibiorum hepate, liene ac pancreate.* — *Observationes zootomicæ*. Friburgi, in-4° (1838).

(4) *Zur Neurologie* von Python tigris. — Müller's *Archiv*, Jahrgang 1839, s. 39, taf. III.

(5) *Anmerkung über den nervus sympathicus der Schlangen.* — Müller's *Archiv*, Jahrgang 1839, s. 59.

(6) *Beiträge zur neurologie der Reptilien.* — *Nouveaux Mémoires de la Société helvétique des sciences naturelles*, t. III. — Neufchâtel (1839).

(7) *Vergleichende neurologie der Myxinoiden.* — *Abhandlungen der Königlichen Akademie der Wissenschaften zu Berlin* (aus dem jahre 1838), 1839. — S. 216, u. 227.

(8) *Over het Hart der Krokodillen en de Geschiedenis onzer Kennis van Hetzelve.* — *Tijdschrift voor natuurlijke Geschiedenis en physiologie*, t. VI, p. 151 (1839).

(9) *Ann. des scienc. nat.*, 2e série, t. XII, p. 189 (1839).

M. Treviranus a consigné aussi plusieurs faits relatifs à l'organisation des Reptiles dans ses *Observations d'anatomie et de physiologie* (1). Il s'est particulièrement occupé de l'anatomie du Caméléon.

Parfois des naturalistes attirés vers un point tout spécial de l'organisme animal se plaisent à en suivre les modifications; c'est ainsi qu'un anatomiste de l'Allemagne, M. Henle, a décrit les diverses parties du larynx chez un grand nombre de Reptiles. Dans le mémoire de cet auteur il y a ainsi une série considérable de détails exposés pour la première fois (2).

Les types de Reptiles éteints se montrent de plus en plus nombreux, M. de Meyer est souvent cité pour des travaux sur ces remarquables débris (3).

*

Panizza avait reconnu l'existence de cœurs lymphatiques ou vésicules pulsatiles chez les Couleuvres, les Lézards et les Crocodiles, mais ces organes n'avaient pas été observés chez les Chéloniens. C'est M. J. Müller qui le premier les a signalés dans les Reptiles de cet ordre. Il a constaté leur présence à la partie tout à fait postérieure du corps, au-dessus de l'extrémité du tube digestif (4). Une figure accompagnant son mémoire montre la position et les rapports de ces cœurs lymphatiques avec les parties environnantes (5).

Dans ses recherches générales sur la structure de l'œil, M. Erdl a porté son attention sur les Tortues; il a étudié les organes de la vision de ces Reptiles comparativement à ceux des autres animaux (6).

De même M. E. Krieger, traitant des otolithes d'une manière générale, s'est occupé de ces organes dans les Reptiles (7).

M. Robert a fait une étude du péritoine dans les différentes classes d'animaux. Il y a dans son travail divers détails concernant les Reptiles (8).

*

Dans un *Rapport* relatif aux Reptiles fossiles de la Grande-Bretagne (9), rapport que nous avons déjà cité en indiquant les diverses classifications présentées par les naturalistes pour la classe de Reptiles, M. Richard Owen a exposé d'une manière comparative les caractères des types éteints que l'on rattache à cette grande division du Règne animal. L'auteur, ayant porté ses investigations sur un bien plus grand nombre de sujets que n'avaient pu le faire ses devanciers, a mis en lumière un grand nombre de faits ostéologiques, et par suite a montré avec autant de précision que possible les affinités zoologiques de ces types, dont l'existence passée est révélée par de simples débris. Le célèbre natura-

(1) *Beobachtungen aus der Zootomie und physiologie.* — Bremen (1839).

(2) *Vergliechend-Anatomisch Beschreibung des Kehlkopfs mit besonderer berücksichtigung des Kehlkopfs der Reptilien* von D. J. Henle. — Leipzig (1839).

(3) *Pistosaurus.* — Leonhard und Bronn, *Neues Jahrbuch* 1839, p. 699.

Voy. aussi la description du *Gnathosaurus* et du *Conchiosaurus*, Leonhard und Bronn, et *Museum senckenbergianum*, part. I, pl. I (1834).

(4) *Ueber die Lympherzen der Schildkröten.* — Müller's *Archiv*, 1840, s. 1.

(5) *Abhandlungen der Königlichen Akademie der Wissenschaften zu Berlin* (aus dem jahre 1839), s. 31 (1841).

(6) *Disquisitio anatomica de oculo.* — Monach. (1840).

(7) *De Otolithis.* — *Dissertatio inauguralis.* — Berolini (1840).

(8) *De ligamentis ventriculi liberis peritonæi plicis per animalium vertebratorum classes consideratis.* — Marburgi (1840).

(9) *Report on British fossil Reptiles.* — *Report on ninth meeting of the British association for the Advancement of science* (1840).

liste de Londres ne s'est pas contenté de tracer les caractères des grands groupes; des groupes, il a passé aux genres et aux modifications spécifiques.

Le *Rapport* de M. Owen se trouve ainsi être un résumé à peu près complet des connaissances acquises sur les Reptiles fossiles jusqu'à l'année 1840.

Bientôt après, M. Richard Owen a entrepris la publication de ses belles recherches sur l'anatomie comparée des dents. Dans ce travail, une part notable est donnée aux Reptiles vivants et fossiles. Les caractères du système dentaire y sont présentés à l'égard de tous les principaux types de l'ordre des Ophidiens et de l'ordre des Sauriens. Pour quelques-uns d'entre eux, la structure intime des dents y est clairement exposée, au moyen, tout à la fois, de descriptions détaillées et de belles figures représentant des *coupes* observées sous le microscope (1).

Les Reptiles en général, on le sait de reste, déposent leurs œufs dans des endroits favorablement exposés; la température atmosphérique suffit pour leur incubation; nous voyons ainsi les Chéloniens, les Sauriens, les Ophidiens abandonner leurs œufs après les avoir plus ou moins bien abrités. Cependant une observation de M. Lamare-Picquot que nous avons mentionnée tendait à établir que divers Serpents de l'Inde se plaçaient sur leurs œufs et développaient une chaleur notable; en un mot, que ces Reptiles couvaient à la manière des Oiseaux.

Une semblable assertion était de nature à surprendre, rien de pareil n'ayant lieu chez les espèces d'Ophidiens qui habitent des contrées bien moins favorisées que l'Inde sous le rapport du climat. On devait désirer entreprendre quelques expériences à ce sujet.

Une circonstance favorable se présenta au commencement de l'année 1841. Une femelle du Python à deux raies, de l'Inde (*Python bivittatus*, Kuhl), enfermée dans une cage à la ménagerie du Muséum d'histoire naturelle de Paris, pondit quinze œufs; elle les rassembla en un tas et s'enroula dessus en une sorte de spirale, de façon à les cacher complétement. M. Valenciennes fit alors une série d'observations thermométriques; le Serpent étant renfermé dans une boîte chauffée par-dessous, au moyen d'un tube rempli d'eau chaude et placé sous une couverture, M. Valenciennes constata depuis le commencement jusqu'à la fin de l'incubation une température de dix à quinze degrés plus élevée entre les replis de l'animal que sous la couverture où il était caché.

De là l'observateur a formulé cette conclusion : « La femelle du *Python bivittatus* couve ses œufs; » ils sont cinquante-six jours au moins à éclore, et pendant ce temps l'animal développe une chaleur » propre, qui diminue cependant graduellement à mesure que l'on approche du moment de l'éclo- » sion (2). »

Les faits publiés par M. Valenciennes tendant à établir que des Serpents, que des animaux à sang froid deviennent à certains moments des animaux à sang chaud, ont certainement un grand intérêt au point de vue de la physiologie; mais, il faut bien le dire, on n'ose les accepter en entier. Un Serpent de plusieurs mètres de long, emprisonné dans une cage ayant moins d'un mètre, est resté sur ses œufs; en est-il de même quand l'animal est en état de liberté? Une chaleur artificielle lui était transmise en dessous, n'en conservait-il pas par cela même entre ses replis une certaine quantité qui disparaissait

(1) *Odontography or a Treatise of the comparative Anatomy of the Teeth.* — London (1840-1845).

(2) *Observations faites pendant l'incubation d'une femelle du Python à deux raies* (Python bivittatus), *pendant les mois de mai et de juin 1841.* — *Comptes rendus de l'Académie des sciences*, t. XIII, p. 126 (1841), *et Annales des Sciences naturelles*, 2e série, t. XV, p. 65 (1841).

à l'entour? Il est donc encore bien désirable que ces grands Serpents de l'Inde puissent être observés à l'état de nature.

En 1841 a paru l'Atlas d'anatomie de M. Rudolph Wagner (1). Dans cet ouvrage, plusieurs figures sont copiées d'autres auteurs; quelques-unes sont originales.

Les figures relatives à l'ostéologie sont les plus nombreuses; elles représentent des squelettes de Crocodile, de Caméléon commun, de Lézard, d'Amphisbène (*Trigonophis Wiegmannii*), de Pseudope (*Pseudopus serpentinus*), de Chirote (*Chirotes canaliculatus*) et de Dragon (*Draco viridis*); des têtes, des sternums, des bassins de ces mêmes types et en outre du Moniteur (*Tejus monitor*), de l'Orvet, etc. Une planche aussi est consacrée à l'ostéologie des Chéloniens et des Ophidiens. On trouve là encore la représentation des principaux viscères du Caméléon, du Crocodile, du Scinque (*Scincus ocellatus*), de la Tortue (*Testudo græca*, etc.).

Un auteur, M. A. de Martino, s'est occupé de la circulation dans le système rénal de Jacobson; mais bien qu'il cite les Ophidiens et les Chéloniens, ses observations ont trait particulièrement aux Batraciens (2) : c'est donc ailleurs que nous aurons à les mentionner.

M. Eichwald a décrit et représenté le squelette de deux Sauriens, une espèce du genre Stellion (*Stellio caucasicus*) et une espèce du genre Psammosaure (*Psammosaurus caspius*). Chez cette dernière, il a reconnu la présence de deux os supplémentaires dans la symphyse des os ischions (3); c'est l'analogue de celui qui a été signalé bientôt après chez un autre type de l'ordre des Sauriens.

Dans ses études sur les globules sanguins, M. le docteur Martin Barry a donné quelques aperçus sur ces corpuscules chez les Reptiles (4).

Des portions de Reptiles fossiles, Iguanodon, Hylæosaure, Tortues, ont été décrites encore par M. Gideon Mantell (5).

Un type remarquable de l'ordre des Sauriens, le genre Phrynosome a été l'objet d'une recherche intéressante de la part de MM. Spring et Lacordaire (6). Ces naturalistes ont fait connaître chez ce Reptile, que nul n'avait examiné avant eux sous le rapport anatomique, divers détails relatifs au sternum, au bassin, à l'appareil digestif, etc. ; ils ont insisté sur la présence d'un os du bassin situé entre les deux ischions, qu'on retrouve chez la plupart des Sauriens, mais dont les anatomistes n'ont pas tenu grand compte.

M. Straus-Durckheim, dans un *Traité d'anatomie comparative* (7), a présenté des remarques sur les divers systèmes organiques des Reptiles (8). Cet ouvrage renferme des indications pour la dissection

(1) *Icones zootomicæ*, tab. XII, XIV, etc. — Leipzig (1841).

(2) *Mémoire sur la direction de la circulation dans le système rénal de Jacobson chez les Reptiles et sur les rapports qui existent entre la sécrétion de l'urine et celle de la bile.* — *Annales des Sciences naturelles*, 2e série, t. XVI, p. 305 (1841).

(3) *Fauna caspio-caucasica*, p. 50-51, tab. VII-IX, tab. XIII, Petropoli (1841).

(4) *Philosophical Transactions of the royal Society*, p. 131 et 153 (1841).

(5) *On the corpuscles of the Blood.* — *Philosophical Transactions of the royal Society*, p. 204 (1841).

(6) *Note sur quelques points de l'organisation du* Phrynosoma Harlanii, *Saurien de la famille des Iguaniens.* — *Bulletin de l'Académie de Bruxelles*, t. IX, 2e partie, p. 492 (1842).

(7) *Traité pratique et théorique d'anatomie comparative comprenant l'art de disséquer les animaux de toutes les classes*, t. I et II (1842).

(8) *Squelette*, t. I, p. 302-311. — *Système musculaire*, p. 372, etc. — *Appareil digestif*, t. II, p. 22, etc. — *Organes excré-*

des organes, mais ne contient du reste sous le rapport de l'organisation des Reptiles que l'énoncé succinct de faits déjà connus.

A la même époque, un observateur, M. Haro, s'est occupé des organes et de la fonction respiratoire chez les Tortues. L'auteur a fait quelques expériences qui l'ont conduit à admettre que les Chéloniens jouissaient d'une double respiration, à la manière des Oiseaux (1).

Les Reptiles fossiles, dont les formes variées excitent de plus en plus l'intérêt, ne cessent d'appeler l'attention ; les paléontologistes de l'Allemagne font connaître de nouveaux types de Sauriens, M. Münster en décrit un sous le nom de *Nothosaurus* (2) ; M. Hermann de Mayer, un autre sous le nom de *Simosaurus* (3).

Le professeur d'anatomie de Bologne, M. Allessandrini, a publié une histoire et une anatomie d'un type de Chéloniens (*Sphargis mercurialis*) (4).

Un anatomiste de la Suède, M. Reinhardt, a dirigé ses investigations sur les glandes vénénifiques des Serpents; il leur a trouvé un développement extraordinaire dans un genre particulier. (*Causus rhombeatus.*) La structure de ces organes et les os de la tête ont été étudiés par l'auteur dans les divers Serpents venimeux (5).

Un physiologiste anglais, M. W. Bowman, dans un très-intéressant mémoire sur la structure et l'usage des corps de Malpighi dans les reins, accompagné d'observations sur la circulation du sang dans ces glandes, a choisi pour exemple, parmi les Reptiles, l'un des plus grands Ophidiens (*Boa constrictor*) (6). Il a fait connaître dans ce type la structure des reins, dont on ne s'était guère occupé encore en ce qui concerne les Reptiles.

Il a été constaté chez divers animaux appartenant à la catégorie de ceux réputés à sang froid une chaleur propre, une température sensiblement supérieure à celle de l'air ambiant. Or cette chaleur, si faible qu'elle soit, paraît varier d'une manière notable suivant les groupes. MM. Flourens et Becquerel l'ont trouvée plus forte dans les Reptiles, comme les Lézards qui ont servi principalement aux expériences, que chez les Batraciens (7).

M. Retzius, dans un travail général sur les dents, où la direction et les proportions des canalicules et des cellules ont été particulièrement étudiées, a pris quelques exemples parmi les Reptiles (8).

En Italie, M. A. Calori a entrepris quelques recherches sur les vaisseaux secondaires des poumons des Ophidiens, mais malheureusement il n'avait pas eu connaissance des faits publiés antérieurement sur le même sujet par M. Hyrtl (9).

M. Hyrtl a reconnu qu'il n'existait chez le Caïman (*Alligator lucius*), qu'une carotide dérivant direc-

mentitiels, p. 78. — *Parties génitales*, p. 109. — *Appareil respiratoire*, p. 154. — *Système circulatoire*, p. 227. — *Système nerveux*, p. 326. — *Organes des sens*, p. 405.

(1) *Mémoire sur la respiration des Grenouilles, des Salamandres et des Tortues.* — *Annales des Sciences naturelles*, 2e série, t. XVII, p. 36-43 (1842).

(2) Leonhard und Bronn, *Neues Jahrbuch* (1842), p. 401.

(3) Leonhard und Bronn (1842), p. 99.

(4) *Nuovi Annali delle scienze naturali di Bologna*, t. II, p. 356 (1839).

(5) *Forhändlingar vid det af skandinaviska naturforskare och Läkare hallna möte i Götheborg ar* 1839, p. 141; Götheborg (1840).

(6) *On the structure and use of the Malpighian Bodies of the kidney, with observations on the circulation through that gland.* — *Philosophical Transactions of the royal Society of London*, part. I, p. 57 (1842).

(7) *Comptes rendus de l'Académie des Sciences*. t. XIV, p. 241 (1842).

(8) *Encyclographie médicale*, vol. XII, p. 334 (1842).

(9) *De vasis pulmonum Ophidiorum secundariis observationes novæ.* — *Novi commentarii Academiæ Bononiensis*, t. V, p. 395 (1842).

tement de l'aorte avec l'artère brachiale; il a découvert chez le même animal des réseaux admirables fournis par des branches des artères cérébrale et ophthalmique. Chez une espèce de Vipère (*Vipera Redi*), le même anatomiste a observé un de ces réseaux admirables en arrière et au-dessous des glandes vénénifiques, ce réseau provenant d'une branche de l'artère maxillaire interne (1).

M. Lamare-Picquot a présenté quelques observations sur la structure de la bouche des Serpents (2).

M. Owen a donné pendant cette même année 1842 une addition à son *rapport* sur les Reptiles fossiles de la Grande-Bretagne (3).

M. Rusconi a repris la question du système lymphatique des Reptiles; il a fait l'historique des recherches poursuivies sur ce système par les anatomistes, et s'est efforcé d'établir que la plupart des artères étaient renfermées dans la cavité des vaisseaux lymphatiques (4).

*

Les travaux sur l'organisation des Reptiles, qui s'étaient succédé avec une grande rapidité pendant une période, deviennent maintenant moins nombreux presque d'année en année.

En 1843, M. A. Hannover a entrepris quelques observations sur la structure de la rétine dans les yeux des Tortues (5).

Un naturaliste du Danemark, M. H. Bendz, a mis au jour un beau travail sur les nerfs glosso-pharyngiens, pneumogastriques, accessoires de Willis et hypoglosses des Reptiles. L'auteur a poursuivi la comparaison de ces nerfs chez un grand nombre de types de la classe qui nous occupe ici, de telle sorte qu'on trouve dans son mémoire une foule de renseignements précieux pour la zoologie (6).

M. A. Retzius a étudié la structure des artères chez une espèce de l'ordre des Chéloniens (*Chelonia mydas*); il a trouvé que la tunique interne des plus grosses artères était constituée par un tissu spongieux formé de cellules visibles même à l'œil nu (7).

D'après le savant erpétologiste M. Schlegel, dans quelques Sauriens serpentiformes les vestiges de membres n'existent que chez les mâles; les femelles en sont complétement dépourvues (8).

*

En 1844, M. Rusconi est revenu sur les mouvements de la langue du Caméléon, et a admis les faits à peu près de la même manière que M. Duvernoy (9).

A la même époque, un naturaliste de Bologne que nous avons déjà cité, M. Calori, a publié des observations spéciales sur le grand sympathique des Ophidiens et des Sauriens, mais cet auteur paraît

(1) *Medizinische Jahrbücher des österreichen Staates*. Bd. XXIX, p. 257 (1842).

(2) *Gazette médicale*, p. 125 (1842).

(3) *Report on the eleventh meeting of the British Association for the advancement of science*, p. 60 (1842).

(4) *Sopra il sistema linfatico dei Rettili lettera al professore Oken. — Giornale dell' J. R. Istituto Lombardo di scienze, lettere ed arti e Biblioteca italiana* (1842), et *Ueber die Lymphegefässe der Amphibien in einem Briefe an der Professor Oken.* — Müller's *Archiv* Jahrg. 1843; s. 241 u. 244.

(5) *Ueber die Structur der netzhaut der Schildkröte.* — Müller's, *Archiv* Jahrgang 1843, s. 314, taf. XIV, fig. 1-3.

(6) *Des kongelige Danske videnskabernes selskabes naturvidenskabelige og mathematiske afhandlingar*, t. X, p. 113 (1843). — Extrait Müller's *Archiv*, p. 10 (1844).

(7) *Förhandlingar vid de skandinaviske naturforskarnes tredje möte i Stockholm*, t. V, p. 697 (1843), et extrait Müller's, *Archiv* Jahrgang 1844, s. 13.

(8) *Bericht über die versammlung deutscher naturforscher und Aerzte in Mainz* 1842, p. 215, Mainz (1843).

(9) *Beobachtungen am afrikanischen Chamäleon.* — Müller's, *Archiv* Jahrgang 1844, s. 508, taf. XI, fig. 2.

avoir complétement ignoré l'existence des travaux de Swan, de Vogt, de Müller sur le même sujet. Il n'a pas été heureux dans ses recherches sur les Ophidiens; il a mieux réussi à l'égard des Sauriens: son mémoire renferme une description et des figures assez détaillées du grand sympathique de l'Orvet et du Lézard (1).

M. Natalis Guillot, dans son travail général sur l'organisation du centre nerveux, a étudié avec beaucoup de soin la structure du cerveau de quelques Reptiles. Il a choisi des exemples parmi les Ophidiens, les Sauriens et les Chéloniens. Dans des divisions spéciales de son ouvrage, il recherche les appareils qui concourent à former l'ensemble du centre nerveux cérébro-spiral chez les Reptiles; puis, quelles masses de matière grise entrent dans la composition de l'appareil fondamental du centre nerveux: puis il examine les accumulations de matière grise situées à l'extrémité ou sur le trajet des stratifications blanches intracrâniennes, et enfin la lamelle intermédiaire placée entre les parties cérébrales et cérébelleuses de l'appareil fondamental (cervelet).

Des figures de l'encéphale d'un Ophidien (*Coluber atrovirens*), d'un Saurien (*Lacerta agilis*), d'un Chélonien (*Testudo græca*), facilitent l'intelligence des descriptions (2).

L'étude des corps de Malpighi dans les reins après l'important travail de M. Bowman a été reprise par un physiologiste allemand, M. F. Bidder (3). L'auteur, relativement à cette question, a porté son attention sur plusieurs Reptiles. Ses vues diffèrent à certains égards de celles de son devancier, mais c'est en décrivant les parties que nous aurons à présenter notre appréciation.

L'opinion émise par M. Haro sur le mécanisme de la respiration des Tortues a été discutée par Panizza (4). D'après ce dernier, « les poches aériennes accessoires du poumon, comme chez les Oiseaux, » admises par le docteur Haro, n'existent pas chez les Tortues. » M. Milne-Edwards, ayant voulu se rendre compte de la divergence des résultats obtenus par les deux observateurs qui viennent d'être cités, a reconnu que le passage de l'air des poumons dans des lacunes sous-cutanées, constaté par M. Haro, était dû à un état pathologique des poumons (5).

M. Rusconi a traité d'une manière générale du système lymphatique des Reptiles (6).

M. H. Rathke a fait connaître quelques particularités de la trachée, de l'œsophage et de l'estomac chez une espèce de Chéloniens (*Sphargis coriacea*) (7).

M. Martino s'est occupé des mouvements du cœur des Reptiles (8), il a observé que c'est à l'instant de la diastole du ventricule que le cœur s'élève et imprime une secousse aux parois de la poitrine.

(1) Aloysii Caroli *Nonnulla de nervo sympathico Ophidiorum indigenorum accedit ejusdem descriptio ac demonstratio, in anguibus et lacertis.* — *Novi commentarii Academiæ scientiarum Instituti Bononiensis*, t. VII, p. 415, tab. XI (1844).

(2) *Exposition anatomique de l'organisation du centre nerveux dans les quatre classes d'Animaux vertébrés*, p. 99, etc., pl. VI (1844). — *Mémoires couronnés et Mémoires des savants étrangers publiés par l'Académie royale des Sciences, de belles-lettres de Bruxelles*, t. XVI (1844).

(3) *Ueber die Malpighischen Körper der Niere.* — Müller's *Archiv*, Jahrgang 1845, p. 508.

(4) *Osservazioni zootomico-fisiologiche sulla respirazione delle rane, salamandre e testuggini.* — *Nuovi Annali delle Scienze*, t. III, p. 37 (1845), et *Annales des Sciences naturelles*, 3e série, t. III, p. 230 (1845).

(5) *Annales des Sciences naturelles*, 3e série, t. III, p. 245 (note).

(6) *Reflessioni sopra il sistema linfatico dei Rettili.* — Pavia (1845).

(7) *Ueber die Luftröhre, die speiseröhre und den magen der* Sphargis coriacea, Müller's *Archiv*, Jahrg. 1846, s. 29?

(8) *Observations sur les mouvements du cœur.* — *Annales des Sciences naturelles*, 3e série, t. VI, p. 109 (1846).

M. G. Gulliver, qui a examiné les globules du sang chez un très-grand nombre d'animaux vertébrés, s'attachant à déterminer leur grosseur, a donné les mesures de ces corpuscules chez plusieurs Chéloniens, chez trois Émydosauriens, chez l'Iguane, le Lézard et l'Orvet parmi les Sauriens, et enfin chez quelques Ophidiens (1).

M. Hyrtl, traitant de la sécrétion urinaire dans les divers groupes d'animaux, a compris les Reptiles dans ses recherches. Il a fait de nombreuses observations sur la structure des reins de certains types de la classe dont nous nous occupons ici (2). Dans notre partie descriptive nous aurons lieu de mentionner les détails mis en lumière par le savant physiologiste de Prague.

En Italie, de nouvelles études sur la structure du cœur chez les Chéloniens ont été poursuivies par M. A. Olivieri. L'auteur a dirigé ses recherches plus particulièrement sur les Tortues marines; mais il s'est occupé en même temps de la structure du cœur des autres Reptiles (3).

Un Saurien de l'Amérique du Nord (*Ophiosaurus*), assez voisin de notre Orvet d'Europe, se fait remarquer par la facilité avec laquelle sa queue se brise; les gens du pays lui donnent le nom de Serpent de verre. Cette particularité a conduit un naturaliste, M. W.-M. Carpenter, à étudier la disposition des muscles de la queue de l'Ophiosaure (4).

En Angleterre, M. Francis Sibson s'est occupé du mécanisme de la respiration chez les Serpents, mais nous ne connaissons qu'un très-court extrait de son travail (5).

Des observations sur le genre de vie des animaux semblent jusqu'à un certain point étrangères à notre sujet, cependant il y a beaucoup de ces observations dont nous aurons à faire une application; nous devons donc en tenir compte surtout lorsqu'elles ont trait à des types dont les habitudes sont peu connues. C'est ainsi que nous mentionnerons des remarques de ce genre sur l'un des plus curieux Sauriens de l'Amérique (*Phrynosoma*), dues à M. le Dr Patrick Neill (6).

M. Falconer, sachant combien les espèces de Crocodiles sont encore imparfaitement déterminées, a profité d'une occasion pour se livrer à l'examen de deux têtes osseuses appartenant à des Reptiles de ce genre. Il a décrit et représenté sous leurs divers aspects les têtes d'une espèce dont on n'avait pas encore étudié l'ostéologie (*Crocodilus cataphractus* Cuv.) et d'un Crocodile d'Égypte regardé par E. Geoffroy comme distinct de l'espèce commune du Nil (*C. marginatus* Geoffr.) (7).

Nous venons d'énumérer une longue série d'observations toutes spéciales, limitées souvent à un seul point isolé; nous venons de citer également des recherches physiologiques où quelques faits seulement se rattachent aux Reptiles.

(1) *On the size of the red corpuscles of the Blood in the Vertebrata, with copious tables of measurements.* — *The Annals and Magazine of natural history*, vol. XVII, p. 200 (1846).

(2) *Beiträge zur Physiologie der Harnsecretion.* — K. Haller's *Zeitschrift der K. K. Ges. der Aerzte zu Wien.* Jahrg. II, p. 381 (1846), et Schmidt's *Jahrbücher*, Bd. 52, p. 13 (1846).

(3) *Osservazioni anatomico-fisiologiche sul cuore della Testuggine caretta e delle Chelonie in generale, e Nuove Ricerche sulla struttura e sulla funzione del cuore dei Rettili; aut.* A Olivieri. — *Memorie del Istituto Veneto.* Venezia (1846).

(4) *Description of a peculiar arrangement of muscles in the* Glass Snake (*Ophiosaurus*). — Silliman's *American Journal*, second series, t. II, p. 89 (1846).

(5) *On the Mecanism of respiration.* — *Annals and Magazine of natural history*, t. XVII, p. 448 (1846).

(6) *Notes on* Phrynosoma Harlani. — *Ann. and Magaz. of nat. history*, t. XVII, p. 99 (1846).

(7) *Note upon two crania of Crocodiles in the Belfast Museum, by* Hugh Falconer. — *Annals and Magazine of natural history*, t. XVII, p. 361, pl. VI et VII (1846).

Maintenant il faut jeter un coup d'œil sur des traités généraux qui furent publiés à l'époque de la science que nous examinons en ce moment, ou dont la publication commencée antérieurement s'acheva vers le même temps. Que ces traités contiennent peu de faits dont la connaissance ne soit déjà acquise, c'est le cas le plus ordinaire. Néanmoins, à notre avis, on ne saurait les passer sous silence; ils servent à divulguer, à populariser la science, plutôt qu'à la faire avancer, rien de plus réel : c'est presque toujours là leur but essentiel; pourtant les ouvrages de cette nature, lorsqu'ils sont produits par des savants habiles eux-mêmes dans l'art des recherches, peuvent avoir encore un caractère vraiment scientifique. Leurs auteurs ne se contentent pas absolument de compiler, de rassembler les faits partout disséminés; ils vérifient souvent les observations de leurs devanciers; par des recherches propres, ils se mettent quelquefois en état de généraliser, de reconnaître comme appartenant à beaucoup ce qui avait été vu par un seul; quelquefois aussi ils consignent dans leur livre des observations tout à fait originales.

Les ouvrages généraux sur l'anatomie comparée présentant certaines des qualités qui viennent d'être énoncées contribuent donc pour une part plus ou moins sensible aux progrès de la science; ils doivent être cités dans plus d'une circonstance. Il ne faut laisser tomber dans l'oubli que ces pures compilations dont un naturaliste n'a nul besoin de se préoccuper.

La publication des *Leçons d'Anatomie comparée* de Cuvier (1), qui eut lieu de 1799 à 1805, avait valu à son auteur la reconnaissance et l'admiration des savants.

Pour composer cet ouvrage, les œuvres des anatomistes de tous les temps avaient été mises à contribution; mais les résultats d'une foule d'observations nouvelles y avaient été enregistrés; des vues particulières à l'auteur avaient éclairé le tout. Ce fut un moment l'expression entière des connaissances humaines acquises touchant l'organisation des animaux. Mais dans un siècle où les ardents scrutateurs de la nature se multipliaient dans tous les pays civilisés; à chaque année qui s'écoulait, les Leçons d'anatomie comparée semblaient davantage être d'un autre temps. Cuvier alors, nous apprennent ses contemporains, songea à refaire son œuvre et à l'élever encore une fois beaucoup au-dessus de tout ce que l'on avait pu produire. Malheureusement les années atteignent l'homme bien plus que son œuvre, si cette œuvre est importante : Cuvier mourut avant d'avoir rien réalisé de son grand projet.

Il laissait quelques matériaux; peu de chose à la vérité. Néanmoins l'un des naturalistes qui autrefois avait recueilli une partie des Leçons d'anatomie comparée, M. Duvernoy, allait s'efforcer de remplir la tâche du maître avec l'assistance, pour quelques parties, de MM. F.-G. Cuvier et Laurillard.

La seconde édition des *Leçons d'Anatomie comparée* fut publiée de 1835 à 1846. Celle-ci n'était pas destinée à changer la face de la science; elle ne devait pas même pour un instant être le résumé de son état actuel.

Cependant çà et là on y a consigné certains faits de détail qui pourront être cités. M. Duvernoy avait

(1) *Leçons d'Anatomie comparée de Cuvier*, 2e édition, avec des additions par M. Duvernoy, t. I-VIII, 1835-1846; — T. I (revu par Cuvier lui-même) (1835); — T. II (*Muscles des Invertébrés et Ostéologie de la tête*), par MM. F.-G. Cuvier et Laurillard (1837); — t. III (*Système nerveux*) par les mêmes (1845).

étudié divers points de l'organisation des Reptiles; il a enregistré ses observations dans cet ouvrage.

Mentionnons encore ici un travail de M. Duvernoy: ce savant est l'auteur de l'*Atlas des Reptiles*, appartenant à l'édition illustrée du *Règne animal*, de Cuvier (1). On trouve là plusieurs figures relatives à l'ostéologie des Reptiles qui sont originales, quelques-unes représentant les viscères d'un type de Chéloniens, et d'autres montrant la conformation de la langue du Caméléon et la disposition des glandes vénénifiques chez les Serpents; figures exécutées à l'occasion des mémoires que nous avons cités précédemment (2).

Pendant que se publiait en France la seconde édition des *Leçons d'Anatomie comparée* de Cuvier, en Allemagne M. Rud. Wagner et MM. Siebold et Stannius faisaient paraître, le premier son *Manuel de Zootomie* (3); les deux autres, leur *Manuel d'Anatomie comparée* (4).

M. Wagner a présenté une description générale de chacun des systèmes organiques dans la classe des Reptiles, en s'appuyant des figures de l'*Atlas d'Anatomie* (5) qu'il avait publié peu d'années auparavant.

Dans l'ouvrage de MM. Siebold et Stannius, c'est ce dernier qui est l'auteur de la partie relative aux Reptiles.

Pour cette classe d'animaux, comme pour la plupart des autres classes, nous trouvons dans ce livre un excellent résumé de tout ce qui est connu jusqu'au moment de sa publication. Comme les sources sont partout indiquées avec un grand soin, chacun trouve le moyen de recourir aisément aux travaux originaux. A ces avantages l'ouvrage de M. Stannius joint celui d'offrir un grand nombre d'observations propres à son auteur.

Afin de mentionner à la fois tous les résumés généraux sur l'organisation des Reptiles, citons encore un article dû à M. Rymer Jones, et inséré dans l'*Encyclopédie anglaise d'Anatomie et de Physiologie* (6).

L'*Histoire des Reptiles*, de MM. Duméril et Bibron, est un ouvrage essentiellement descriptif (7). Son but est la connaissance de toutes les espèces que l'on est parvenu à recueillir dans les régions du globe que des naturalistes ont pu explorer. Cependant les auteurs ont désiré présenter un aperçu de l'organisation des types de chacune des grandes divisions. Ils ont donné cet aperçu principalement d'après les recherches des différents anatomistes qui se sont occupés de l'étude des Reptiles. Si c'était là absolument tout, nous n'aurions pas à signaler cet ouvrage important sous d'autres rapports;

(1) *Le Règne animal distribué d'après son organisation*, par Georges Cuvier, édition accompagnée de planches gravées, publiée de 1836 à 1848.

(2) Pag. 26, 27 et 31.

(3) *Lehrbuch der Zootomie; — Lehrbuch der Anatomie der Wirbelthiere.* — Leipzig (1843).

(4) *Lehrbuch der vergleichenden Anatomie, Bd.* II, 1846, et traduction française. — *Manuel d'Anatomie comparée*, t. II.

(5) *Icones zootomicæ* (1841), cité p. 37.

(6) *Cyclopædia of Anatomy and Physiology, edited by* Todd (article Reptiles), (1848).

(7) *Erpétologie générale ou Histoire complète des Reptiles*, 1836-1844, T. VII (Ophidiens), 1854. (Voy. la note 2 de notre page 5).

mais les auteurs ont décrit quelques particularités du squelette dans certains genres, d'après leurs propres études. Ils ont, sinon anatomisé, au moins ouvert plusieurs animaux; ce qui leur a permis, dans certains cas, de faire connaître la configuration générale de l'appareil digestif, des poumons, etc.; pour les Chéloniens et les Sauriens, des faits de ce genre ont été mentionnés à l'égard de diverses espèces.

Dans la partie concernant les Ophidiens, publiée beaucoup plus récemment que les autres par M. Duméril, après la mort de son collaborateur, on trouve des observations comparatives sur l'ostéologie de la tête des principaux types de Serpents.

Nous n'insisterons pas actuellement sur ces dernières observations; elles ont fait le sujet d'un mémoire particulier qui doit avoir une mention à part.

En Allemagne, de 1826 à 1853, a paru un Atlas destiné à exposer les caractères anatomiques de tous les types principaux du règne animal (1). L'idée sans doute était heureuse, mais l'exécution n'y a pas répondu.

Les auteurs de cette publication, MM. Carus et Otto, ont copié des figures dans plusieurs ouvrages: ce ne sont pas les plus défectueuses; ils ont donné les autres d'après leurs propres recherches, et ici on peut regretter qu'ils aient si fort négligé ce que certains naturalistes aiment à regarder comme de simples détails. Quoi qu'il en soit, lorsque l'on s'occupe de l'organisation des Reptiles, il est bon encore d'examiner les représentations données par MM. Carus et Otto; pour ce motif, nous croyons devoir les indiquer.

Dans cet atlas d'anatomie on trouve des figures d'ostéologie pour les différents types de la classe des Reptiles (2), des figures d'embryons de Tortues, de Lézards, de Serpents (3). La langue du Caméléon, le tube digestif d'un Dragon (*Draco viridis*), d'un Crotale (*Crotalus simus*) et d'un Crocodile y sont représentés (4), ainsi que les organes génitaux d'une Tortue (*Testudo clausa*), d'un Crocodile (*Crocodilus lucius*), de deux Sauriens (*Iguana delicatissima* et *Varanus scincus*) et d'un Serpent (*Dryinus lineolatus*) (5). Ailleurs c'est le cœur et l'origine des artères considérés chez un Chélonien (*Chelonia mydas*), puis l'indication vague des principaux vaisseaux dans un autre type du même ordre (*Emys lutaria*), et dans un Saurien (*Iguana delicatissima*) (6), et enfin quelques figures relatives aux vaisseaux lymphatiques (7) et au système nerveux (8).

(1) *Erläuterungstafeln zur vergleichenden Anatomie von* Carl. Gustav Carus, ou *Tabulæ anatomiam comparativam illustrantes quas exhibuit* Dr Carolus Gustavus Carus *junctus cum* Dr A.-G. Ottone. — Lipsiæ; pars I (1826), pars II (1827), pars III (1831), pars IV (1835), pars V (1840), pars VI (1843), pars VII (1848), pars VIII (1853).

(2) Pars II.

(3) Pars III.

(4) Pars IV.

(5) Pars V.

(6) Pars VI.

(7) Pars VII.

(8) Pars VIII.

Revenons maintenant aux observations et aux mémoires spéciaux qui ont paru dans ces dernières années.

En 1847, un anatomiste italien, M. Alphonse Corti, a fait une étude sérieuse, approfondie, de la distribution des artères de l'un des plus grands Sauriens connus (*Psammosaurus*). Chaque artère a été décrite en particulier; ses branches, ses rameaux ont été suivis avec soin; l'auteur a bien fait connaître le trajet et le rôle de chacun d'eux. Des figures nombreuses accompagnent ce travail; elles facilitent singulièrement l'intelligence du texte; sans être d'une belle exécution, les parties y sont représentées avec une netteté satisfaisante. L'auteur n'a pas négligé complétement l'étude des veines, malheureusement il n'a pas poursuivi bien loin cette étude. Ce travail est celui qui jusqu'à présent fait le mieux connaître la distribution du système artériel chez les Reptiles de l'ordre des Sauriens (1).

Tandis que M. Corti mettait en lumière une partie de l'organisation du Psammosaure, un observateur, M. Bagge, qui depuis deux ans tenait en captivité un individu vivant de cette espèce, faisait connaître quelques détails relatifs à ses habitudes, à son genre de nourriture, etc. (2).

D'autre part, un chimiste, M. Völcker, déterminait la composition chimique de l'écaille des Tortues (3).

M. Geyer signalait diverses particularités à l'égard de la croissance et des habitudes des Serpents à sonnettes (*Crotalus*) de l'Amérique du Nord (4).

M. H. Rathke décrivait d'une manière comparative la structure de la peau des Reptiles d'après les exemples choisis dans les différents ordres de cette classe d'animaux (5).

Ailleurs, M. Poelman ayant eu l'occasion d'étudier à Amsterdam l'une des plus grandes espèces de l'ordre des Ophidiens (*Python bivittatus*), déjà observée sous le rapport anatomique par M. Retzius, ainsi qu'il a été dit précédemment, se livrait à des recherches sur les viscères de ce Serpent (6). M. Poelman a examiné avec soin certaines portions du tube digestif et de ses annexes; il en a donné des figures; mais il paraît avoir complétement ignoré l'existence du travail sur le même sujet du savant auteur suédois dont nous venons de rappeler le nom. Il n'a pu ainsi montrer ce qu'il ajoutait aux observations de son devancier.

M. Lereboullet, s'occupant d'une manière générale des organes génitaux chez les animaux vertébrés, décrivait le testicule et l'ovaire, le canal déférent et l'oviducte de notre Lézard commun (7).

A Naples, M. Delle Chiaje publiait une dissertation sur le système sanguin des Reptiles (8); seulement, ce n'est pas là qu'il faut chercher beaucoup de nouveaux faits.

(1) *De Systemate vasorum Psammosauri grisei*, *auctore* Alphonso Corti. Vindobonæ (1847), 4°, avec six planches.

(2) Schleiden's und Froriep's *Neue Notizen*, III, s. 193 (1847).

(3) *Dissertation über die chemische Untersuchung des Schildpatts*. Göttingen (1847).

(4) *Sächse Natur. histor. Zeitschrift*. 2. Jahrgang, s. 373 (1847).

(5) *Ueber die Beschaffenheit der Lederhaut bei Amphibien und Fischen*, von Heinrich Rathke. — Müller's *Archiv*, s. 338 (1847).

(6) *Note sur l'organisation de quelques parties de l'appareil digestif du* Python bivittatus. *Mémoires couronnés et mémoires des Savants étrangers de l'Académie royale de Belgique*, t. XXII (1847).

(7) Extrait d'un travail intitulé : *Recherches sur les organes génitaux des Animaux vertébrés*. — *Journal l'Institut*, p. 299 et 308 (1847).

(8) *Monographia del systema sanguigno degli Animali Rettili*, etc. — *Rendiconto della Reale Academia delle scienze di Napoli* (1847), p. 173 et (1848), p. 151. — Ce sont les Batraciens qui ont le plus fixé l'attention de l'auteur.

De nouvelles observations de détails touchant un genre ou une espèce de la classe des Reptiles continuent à se produire dans les recueils scientifiques de tous les pays.

M. Peters, de Berlin, dont nous avons déjà mentionné plusieurs travaux, découvre chez certains Chéloniens de petites glandes particulières dont on ne semble pas avoir eu connaissance avant lui. Ces glandes, développées surtout dans les Chéloniens de la famille des Émydides, sont au nombre de quatre, deux de chaque côté, s'ouvrant en avant et en arrière du plastron sternal (1). M. Peters les regarde comme des glandes musquées.

En Amérique, M. J. Leidy, disséquant un Serpent de grande espèce (*Boa constrictor*), observe le long des nerfs intercostaux de petits corps durs ovalaires ou arrondis qui à l'œil nu ont l'apparence des corpuscules de Pacini, de l'homme et des Mammifères (2). M. Leidy a étudié ces corps avec ce soin qu'il apporte dans tous ses travaux, sans pouvoir cependant déterminer avec exactitude leur véritable nature. On ne les a point retrouvés chez d'autres Serpents.

Dans le même pays, M. Kneeland publiait les résultats obtenus par la dissection d'un Caïman : ce sont quelques observations sur l'appareil alimentaire, les reins, les organes génitaux de la femelle (3).

Dans le même temps, des naturalistes s'occupent des conditions biologiques ou de quelques particularités physiques de divers Reptiles.

M. Paul Gervais présente des remarques touchant les changements de couleurs que subissent les Caméléons (4). Adoptant les vues de M. Milne Edwards, il s'attache à distinguer du système de coloration, la teinte plus ou moins foncée des couleurs, qui est plus variable. Il observe que sur un Caméléon passant du blanchâtre au vert ou au brun l'on voit apparaître à la surface du derme au-dessous de l'épiderme une multitude de petits points noirâtres, et que, suivant que ces points se montrent en plus ou moins grande quantité, la couleur tire sur le vert, le brun ou le noirâtre.

M. Gosse consigne des remarques sur le genre de vie, sur la nourriture, sur la sécrétion par les pores des cuisses, sur les œufs d'un Saurien de la Jamaïque (*Ameiva dorsalis*) (5), sur les mouvements de la langue d'une espèce appartenant au même ordre (*Mabouya agilis*) (6), sur les allures et les habitudes d'un autre type de la même grande division erpétologique (*Cyclura lophoma*), etc. (7).

M. de Castelnau donne quelques détails relatifs aux conditions dans lesquelles vivent les Serpents de l'Amérique du Sud (8).

(1) *Ueber eigenthümliche Moschdrüsen bei Schildkröten.* — Müller's *Archiv* (1848), p. 492, tab. XVII.

(2) *On some bodies in the* Boa constrictor *ressembling the Pacinian corpuscles.* — *American Journal of the medical sciences* (January (1848). — Traduit en allemand. — *Ueber einige Körper in der* Boa constrictor, *welche den pacinischen Körperchen gleichen.* — Müller's *Archiv*, s. 527. *Taf.* XX (1848).

(3) *Dissection of Crocodilus lucius, by Samuel Kneeland.* — *The Boston journal of natural history*, vol. VI (1848).

(4) *Remarques sur les variétés de couleurs qu'éprouvent les Caméléons.* — *Comptes rendus de l'Académie des sciences*, t. XXVII, p. 234 (1848).

(5) *Annals and Magazine of natural history*, 2e series, t. II, p. 214 (1848).

(6) *Ann. and Mag. of nat. hist.*, 2e series, t. III, p. 307 (1849).

(7) *Ann. and Mag. of nat. hist.*, 2e series, t. IV, p. 64 (1849).

(8) *Considérations sur la distribution des Reptiles et en particulier des Ophidiens dans l'Amérique du Sud.* — *Comptes rendus de l'Académie des sciences*, t. XXVI, p. 101 (1848).

Mais nous voilà arrivés à une époque qui voit paraître des travaux de nature à faire singulièrement avancer la connaissance exacte de la constitution du squelette chez les Reptiles. Pour donner une idée de l'importance de ces travaux, il suffit de dire le nom de leur auteur : ils sont de M. Richard Owen.

Dans un ouvrage général sur l'ostéologie comparée dans toutes les classes de l'embranchement des vertébrés (1), M. Owen s'est attaché à déterminer d'une manière rigoureuse chaque os par rapport à ses analogues dans la série entière. Constituant d'après les faits connus un type idéal du squelette des animaux vertébrés, il s'est appliqué à y rattacher toutes les modifications et à montrer partout la persistance du plan fondamental.

A l'égard des Reptiles, c'est le Crocodile qui a été choisi comme type pour déterminer dans cette classe d'animaux l'arrangement naturel des os du crâne. Mais il n'est pas possible de donner une analyse de tels travaux ; c'est dans notre partie descriptive que se trouveront naturellement rappelées à chaque instant les idées de l'illustre professeur du Collége royal des chirurgiens d'Angleterre.

Cuvier a présenté dans ses recherches une nomenclature pour les os du squelette qui a été très-généralement adoptée; M. R. Owen y apporte aujourd'hui de nombreuses modifications. Nous n'hésiterons pas à reconnaître que beaucoup de ces modifications apportées à la nomenclature de Cuvier sont heureuses; cependant on ne peut s'empêcher encore de tenir considérablement à des dénominations créées en même temps que la science elle-même, et employées dans un admirable ouvrage (2) qui longtemps encore sera le point de départ de toute recherche concernant l'ostéologie.

Dans un mémoire spécial, M. Owen a traité un sujet dont les naturalistes se sont singulièrement occupés, la détermination des pièces osseuses qui constituent la carapace et le plastron sternal chez les Tortues (3). L'auteur a rappelé et discuté les opinions de ses devanciers et a exposé avec les plus grands détails la constitution fondamentale du squelette des Chéloniens en s'appuyant sur des faits fournis par l'étude du développement. C'est encore un de ces travaux qui échappent à l'analyse.

Bientôt après, M. Richard Owen a porté une attention spéciale aux communications existant chez les Émydosauriens entre la cavité du tympan et le palais (4). Il a reconnu, outre les trois perforations déjà signalées qui se succèdent le long de la ligne médiane de la base du crâne, des trous latéraux disposés par paires et situés dans la même région de la tête. Pour déterminer l'usage de ces ouvertures, un Crocodile frais a été injecté afin de constater à quels vaisseaux elles donnent passage. De la connaissance des faits anatomiques et des conditions dans lesquelles vivent d'ordinaire les Crocodiles, l'auteur est amené à penser que la fonction de ces canaux complexes qui conduisent l'air, est de transmettre les vibrations sonores du nez à l'oreille.

Les particularités anatomiques qui viennent d'être indiquées sont propres aux Émydosauriens, et contribuent encore à différencier ces animaux des autres Reptiles; or les Crocodiles souvent plongés

(1) *On the Archetype and homologies of the vertebrate skeleton*. London (1848). Une édition française de cet ouvrage a paru tout récemment. — *Principes d'Ostéologie comparée ou Recherches sur l'archétype et les homologies du squelette vertébré*. Paris (1855).

(2) *Recherches sur les ossements fossiles*.

(3) *On the Development and homologies of the carapace and plastron of the Chelonian Reptiles*. — *Philosophical Transactions*, part. I, p. 151, pl. XIII (1849).

(4) *On the communications between the cavity of the tympanum and the palate in the Crocodilia* (Gavials, Aligators and Crocodiles). — *Philosophical Transactions* (1850), part. 2, p. 521, pl. XL, XLI, XLII.

entièrement dans l'eau, ayant l'oreille externe submergée et seulement les yeux et les narines à la surface, il semble probable que le bruit dans l'air pouvant atteindre le Reptile placé dans de telles conditions, arrive au tympan par les canaux qui du long passage nasal communiquent avec cette cavité, surtout si l'on se souvient qu'une valvule spéciale ferme au dehors toute communication entre ce passage et la bouche.

Pendant le cours de la même année, M. J. Hyrtl, auquel la science est redevable d'un grand nombre de travaux importants, a décrit et figuré les cœurs lymphatiques d'un type de l'ordre des Sauriens le Sheltopusik — *Pseudopus* (1).

M. H. Rathke a donné une description détaillée des artères carotides dans les Crocodiles, encore imparfaitement observées par les anatomistes qui se sont occupés de l'organisation de ce remarquable type erpétologique (2).

Peu après, M. Brücke s'est occupé du mécanisme de la circulation chez les Sauriens et les Ophidiens (3). Pour les premiers, ses observations ont porté sur la grande espèce (*Psammosaurus griseus*) que M. Alphonse Corti avait étudié quelques années auparavant sous le rapport du système artériel. Ici l'auteur a reconnu, au côté droit du cœur, au point où naît l'artère pulmonaire, l'existence d'une lame musculaire qui la sépare du reste de la cavité du cœur, de telle sorte que le sang est entièrement veineux dans les artères pulmonaires et mélangé dans les deux aortes. M. Brücke, faisant ses recherches sur des animaux vivants, a constaté une différence notable dans la couleur du sang; presque noir dans les artères pulmonaires, il l'a trouvé plus clair dans les deux aortes. Chez les Ophidiens, selon le même observateur, un résultat analogue est produit par une disposition anatomique particulière.

Dans une seconde notice, M. Brücke annonce avoir découvert dans le péritoine du Psammosaure un système de fibres musculaires lisses (4).

Enfin, le même savant s'est occupé des changements de couleurs qu'éprouvent les Caméléons, sujet qui dans tous les temps fournit matière à des recherches et à des dissertations de la part des naturalistes. Selon M. Brücke, les teintes variables du tégument ne proviennent pas, comme le pense M. Milne Edwards, exclusivement du pigment, mais en partie d'apparitions d'interférences, apparitions résultant, d'après le principe des lames minces, de la présence de cellules dans la couche profonde de l'épiderme (5).

Dans un mémoire de M. Duvernoy, publié en 1851 (6) et déjà annoncé quelques années auparavant, mémoire relatif surtout aux organes génitaux urinaires des Batraciens urodèles, on trouve un chapitre consacré à la description des pierres vésicales des Tortues molles, et un autre chapitre ayant pour objet

(1) *Ueber die Lymphherzen des Sheltopusik, ein Beiträge zur vergleichenden Angiologie.* — *Denkschriften der Academie der Wissenschaften zu Wien.* Bd. 1, p. 25, tab. III, (1850).

(2) *Ueber die Carotiden der Krokodile und der Vögel.* — Müller's *Archiv*, 1850, s. 184.

(3) *Ueber die Mechanik des Kreislaufes bei den Eidechsen und Schlangen.* — *Sitzungsberichte der Akademie der Wissenschaften zu Wien.* Bd. VII, s. 245 (1851).

(4) *Sitzungsb. der Akad. der Wissensch. zu Wien.* Bd. VII, s. 246 (1851).

(5) *Ueber den Farbenwechsel der Chamäleonen,* — *Sitzungsberichte der Akademie der Wissenschaften zu Wien*, t. VII, s. 802 (1851).

(6) *Fragments sur les organes génito-urinaires des Reptiles et leur produit.* — *Mémoires des savants étrangers de l'Académie des sciences*, t. XI, p. 1 (1851).

les urolithes et l'utilité de leur distinction d'avec les coprolithes pour la détermination des restes fossiles de Sauriens et d'Ophidiens.

Un anatomiste de l'Allemagne, M. Barkow, a produit quelques observations touchant l'origine des principales artères chez un type de l'ordre des Sauriens (*Pseudopus serpentinus*) (1).

A la même époque, M. Lereboullet, qui avait fait connaître antérieurement les résultats de ses recherches sur les organes génitaux d'un type de chacune des classes d'animaux vertébrés, a publié l'ensemble de son travail (2). Ce mémoire, accompagné de nombreuses figures, contient la description des diverses parties constituant les organes de la génération des deux sexes chez le Lézard des souches (*Lacerta stirpium*) (3).

M. Bianconi a examiné le mode d'accroissement des plaques écailleuses des Tortues (4).

M. Rutherford Russel a expérimenté sur des Chiens et des Lapins l'action du venin d'un Ophidien remarquable, connu sous le nom vulgaire de *Cobra da capello* (*Naja tripudians*) (5).

Un jeune naturaliste, M. Alfred Dugès, s'est attaché à quelques points particuliers de l'organisation des Serpents. Cuvier avait appelé l'attention des anatomistes sur la présence, chez les Couleuvres femelles, d'une glande située sous la queue, sécrétant la liqueur que ces Reptiles éjaculent quand on vient à les saisir. Contre l'assertion de Cuvier, M. Dugès a reconnu l'existence de cette glande aussi bien chez les mâles que chez les femelles, et l'a constatée également chez les Vipères (6).

Le même auteur a étudié par quel mécanisme se redressent les dents venimeuses des Serpents. Décrivant les os et les muscles de la tête, il a examiné le jeu qu'exécute chacune de ces parties pour amener le redressement des crochets (7).

M. Turner s'est occupé encore des changements de couleur du Caméléon. Ayant mis successivement un individu dans le voisinage de corps de différentes nuances, il s'est assuré qu'il n'en résultait aucune influence sur les teintes de l'animal (8).

Bientôt après, M. Brücke a fait paraître sur ce sujet un mémoire dans lequel sont relatées toutes les opinions produites par les naturalistes, et exposées ses propres observations, dont nous avons déjà indiqué le principal résultat (9).

Le même anatomiste a repris l'examen de la structure de la langue du Caméléon, et s'est efforcé de montrer le rôle des membranes et de chacun des muscles de cet organe (10). Il a constaté que chez les Tortues les vaisseaux chylifères formaient à leur origine un réseau dans les longs plis de l'intestin (11).

M. Brücke a encore mis au jour d'autres faits concernant l'organisation des Reptiles. Il a eu en vue de reconnaître exactement le mécanisme de la circulation dans les Tortues. D'après les recherches de ce

(1) *Ueber einige Arterien von* Pseudopus serpentinus. — *Zootomische Bemerkungen*, von Dr. H. C. L. Barkow, s. 25, fig. 13. — Breslau (1851).

(2) *Recherches sur l'anatomie des organes génitaux des Animaux vertébrés.* — *Nov. Actorum Academiæ Cæsar. Leopold. Carol. naturæ Curiosorum* vol. XXIII, p. 1 (1851).

(3) P. 21, 52, 75, 103, 131 et 158.

(4) *Specimina zoologica mosambica.* — *Memorie della reale Academia dell' Istituto di Bologna*, t. III, p. 8 et 91 (notes) (1851).

(5) *On the poison of the* Cobra da capello. — *Proceedings of the Royal Society of Edinburgh*, vol. III, p. 44 (1850-1851).

(6) *Comptes rendus des séances et mémoires de la société de Biologie*, pendant l'année 1850, t. II, p. 131 (1851).

(7) *Sur le redressement des crochets dans les* Thanatophides. — *Annales des sciences naturelles*, 3e série, t. XVII, p. 57 (1852).

(8) *On the change of colour of* Chamæleon. — *Proceedings of the Zoological Society*, p. 203 (1851), et *Annals and Magazine of natural history*, 2e série, vol. XII, p. 292.

(9) *Untersuchungen über den Farbenwechsel des* afrikanischen Chamæleons. — *Denkschriften der Kaiserlichen Akademie der Wissenschaften*, Bd IV, s. 179, taf. LX, Wien (1852).

(10) *Ueber die Zunge der* Chamäleonen. — *Sitzungsberichte der Akad. der Wissenschaften*, Bd VIII, s. 65, Wien (1852).

(11) *Sitzungsber. der Akad. der Wissenschaften*, Bd V, s. 280 (1850).

savant, il n'existerait pas de vestige de cloison interventriculaire, comme on l'a admis d'après Treviranus. On aurait pris pour tel des muscles très-développés en forme de papilles; une bandelette charnue, placée à l'entrée de l'artère pulmonaire, constituerait un rudiment de cloison. Le sang veineux, dit l'auteur, va aux poumons et aux différentes parties du corps, le sang artériel seulement aux parties du corps, pendant la systole, l'artère pulmonaire se trouvant fermée par la contraction musculaire et par la bandelette cartilagineuse. Il résulte des mesures prises que sur dix-neuf parties de sang veineux onze pénètrent dans l'artère pulmonaire et huit dans l'aorte (1).

A l'égard de la circulation chez les Crocodiles, M. Brücke a confirmé les descriptions de Panizza et de Bischoff. Désignant sous le nom de trou de Panizza (*Foramen Panizzæ*) l'ouverture qui établit une communication entre les deux aortes, il a pour objet essentiel d'établir que, par suite d'une pression plus forte dans le ventricule droit au moment de la systole, le sang passe dans l'aorte de gauche, et pénètre ensuite de l'aorte gauche dans celle de droite par l'anastomose oblique des deux aortes (2).

Une portion du système nerveux des Sauriens a été étudiée avec beaucoup de soin par un anatomiste de Hambourg, le docteur Fischer. Cet observateur s'est attaché particulièrement aux nerfs qui naissent du cerveau, et les a décrits au point de vue de l'anatomie comparée. C'est ainsi qu'il a traité successivement des nerfs des muscles de l'œil, du nerf trijumeau, du nerf facial, des nerfs glossopharyngiens, du nerf vague, du nerf accessoire de Willis, du nerf hypoglosse et du grand sympathique, en indiquant les principales modifications observées chez les différents types de l'ordre des Sauriens. Ces types sont : le Caméléon, le Platydactyle, les Varans, l'Iguane, l'Istyure, l'Agame, le Sauvegarde, les Lézards, l'Euprepès et de plus les Crocodiles. Ce travail ajoute beaucoup en détails et en précision à ce que l'on savait du système nerveux des Reptiles. Les figures qui l'accompagnent en rendent l'intelligence facile (3).

Le savant doyen de la faculté des sciences de Caen, M. Eudes-Deslongchamps, s'est occupé de quelques faits relatifs aux Crocodiles Après avoir examiné et discuté, à l'occasion d'une opinion formulée par M. de Blainville, les caractères fournis par la position des ouvertures postérieures des narines, qui distinguent particulièrement certains Crocodiles fossiles (*Teleosaurus* Geoffroy St-Hilaire) des Crocodiles vivants, il s'attache à faire ressortir les affinités de ces Reptiles avec les autres types de la même classe, et en dernier lieu il signale l'existence de sinus veineux observés par lui à la base du crâne chez le Caïman à museau de brochet (*Alligator mississipensis* ou *lucius*) (4).

Un anatomiste allemand, M. Gorski, a publié sur le bassin des Sauriens un mémoire que nous ne connaissons actuellement que par une brève analyse, insuffisante pour avoir une idée exacte de l'importance du travail. Le bassin des Sauriens y est comparé à celui des Mammifères; la description des muscles des vaisseaux et des nerfs y est faite, paraît-il, avec beaucoup de soin (5).

M. H. Müller a observé chez un Lézard (*Lacerta viridis*), dont la queue avait été brisée, la reproduction d'une queue double, comme cela se voit assez fréquemment; il a insisté sur l'analogie que pré-

(1) *Ueber die Mechanik des Kreislaufes bei den Schildkröten.* — *Sitzungsb. der Akad. der Wissenschaft.* — Bd V, p. 415 (1850). et *Beiträge zur vergleichenden Anatomie und Physiologie des Gefäss-Systemes.* — *Denkschriften der Akademie der Wissenschaften.* Bd III, s. 335, Wien (1852).

(2) *Ueber die Mechanik des Kreislaufes bei den Krokodiliern.* — *Sitzungsb.* Bd VI, s. 61 (1851), et *Beiträge*, etc., loc. cit., s. 350 (1852). — Dans ce mémoire se trouvent développées les observations de l'auteur, que nous avons consignées plus haut, touchant la circulation dans les Lézards et les Serpents.

(3) *Die Gehirnnerven der Saurier, anatomisch untersucht, von J. G. Fischer.* — *Abhandlungen aus dem Gebiete der Naturwissenschaften zu Hamburg*, Bd II, Abtheil. II, s. 109, taf. I-III (1852).

(4) *Lettres sur les Crocodiles vivants et fossiles.* — *Mémoires de la société Linnéenne de Normandie*, t. IX (1852).

(5) *Ueber das Becken der Saurier.* — *Eine vergleichende anatom. Abhandlung*, mit 2 lithogr. Taf. — Dorpat (1852).

sentent ces queues reproduites, consistant en un tube osseux marqué de traces annulaires, avec la colonne vertébrale en voie de formation chez les embryons de Tortues, de Lézards et de Serpents (1).

M. Auguste Duméril a entrepris une série d'observations pour déterminer la température des Ophidiens, suivant les circonstances. Il a opéré sur des Pythons et des Boas des régions intertropicales et sur des Couleuvres de notre pays. Dans les temps ordinaires, il a trouvé que la température de ces Serpents s'élevait bien faiblement au-dessus de celle de l'air ambiant; 02 à 1° du thermomètre centigrade. Ce rapport s'est rencontré le même malgré les variations de la chaleur atmosphérique. Dans un cas où cette chaleur fut portée artificiellement jusqu'à 41 et 45 degrés, dans l'espace de quarante à cinquante minutes, des Couleuvres prirent une température de + 38 à 39,2. Dans une autre expérience, la température de la boîte ayant été portée à 45 et 47 degrés, deux Couleuvres qui y étaient renfermées succombèrent rapidement; l'une ayant atteint 41 degrés et l'autre 40° 2. Enfin, d'après les expériences de M. A. Duméril, il se produirait chez les Serpents un léger abaissement de chaleur dans le temps qui précède la mue, et au contraire un accroissement notable au moment de la digestion; accroissement qui est de 2 à 4 degrés sur le milieu ambiant (2).

*

Pendant le cours de l'année 1853, il a été publié un certain nombre d'observations sur l'organisation des Reptiles, principalement sur l'ostéologie de ces animaux.

M. P. Gervais s'est occupé d'un groupe particulier, les Amphisbènes, que les zoologistes ne sont pas parvenus à classer d'une manière pleinement satisfaisante. Comme il a été dit précédemment, au sujet des classifications erpétologiques, ce groupe a été rangé tantôt avec les Ophidiens, tantôt avec les Sauriens, tantôt élevé au rang d'ordre. M. P. Gervais établit que le crâne des Amphisbènes diffère de celui des Ophidiens par la fixité de toutes ses pièces; de celui des Sauriens, par l'absence d'os columellaires; et des uns et des autres, par quelques autres caractères moins nettement définissables. Adoptant d'après ces faits les vues de M. Gray et de plusieurs autres naturalistes, sur la classification des Reptiles, il admet un ordre particulier pour les Amphisbènes, les Amphisbéniens ou Glyptodermes. Ayant déjà proposé d'attribuer une valeur semblable à la famille des Geckotides, à raison d'une forme de vertèbres qu'on ne rencontre pas chez les autres Sauriens de l'époque actuelle, les divisons ordinales de la classe des Reptiles, d'après cet auteur, devraient être plus nombreuses que ne l'ont pensé jusqu'ici la plupart des classificateurs. M. Gervais a décrit et représenté le crâne dans des types appartenant à trois genres différents de la famille des Amphisbénides (*Amphisbæna, Lepidosternus* et *Trogonophis*) (3).

Dans un important mémoire sur la comparaison des membres chez les animaux vertébrés, le même zoologiste s'est efforcé de faire ressortir les homologies des différents os qui constituent les membres des Reptiles. Il s'agit ici de faits qui sont peu susceptibles d'être analysés, nous aurons lieu d'en montrer la portée en décrivant les parties (4).

(1) *Verhandlungen der Physikalisch Medicinischen Gesellschaft* in Würzburg. Bd II, s. 66 (1852).

(2) *Recherches expérimentales sur la température des Reptiles.* — *Annales des sciences naturelles*, 3e série, t. XVII, p. 5 — Ophidiens, p. 14 (1852).

(3) *Recherches sur l'ostéologie de plusieurs espèces d'Amphisbènes.* — *Annales des sciences naturelles*, 3e série, t. XX, p. 294, pl. XIV et XV (1853).

(4) *De la comparaison des membres chez les Animaux vertébrés.* — *Mémoires de l'Académie des sciences, et lettres* de Montpellier (1853), et *Annales des sciences naturelles*, 3e série, t. XX, p. 21 (1853).

Dans l'une des divisions de l'ordre des Sauriens, la famille des Varanides, essentiellement représentée par le genre Varan (*Varanus* ou *Psammosaurus*), composé d'espèces propres aux régions chaudes de l'ancien continent, on a rangé un Reptile de l'Amérique qui offre des caractères très-remarquables; il était intéressant de pouvoir en déterminer les affinités naturelles autrement que par l'inspection des parties extérieures. M. Troschel ayant eu à sa disposition un exemplaire, conservé dans la liqueur, de ce type (*Heloderma horridum*), qui dans le nouveau monde représente les Varans, nous en a fait connaître l'ostéologie. Ce travail, exécuté avec soin, comble une lacune, car, pour juger en quelle mesure l'Hélodерme diffère des autres Sauriens, il était indispensable d'en avoir au moins la charpente osseuse. L'auteur ne s'est livré à aucune comparaison, et on regrette que certains os de la tête n'aient pas été dessinés d'une façon plus nette. Néanmoins, comme la description est détaillée, elle supplée en partie à ce qui manque dans les figures. M. Troschel a décrit encore la forme de la langue chez l'Hélodерme (1).

Les Ophidiens affectant des formes extérieures très-variables entre eux, les naturalistes se sont toujours trouvés embarrassés pour classer d'une manière satisfaisante les nombreuses espèces de ce groupe. M. C. Duméril pensant que la constatation des caractères fournis par les dents devait conduire à un heureux résultat, s'est attaché à préciser la disposition du système dentaire chez les différents types de l'ordre des Ophidiens. Son travail est accompagné de figures montrant les têtes en dessous, afin de mettre en évidence tout le système dentaire dans quatorze genres de Serpents (2).

Dans un atlas élémentaire d'anatomie comparée, M. Oscar Schmidt a donné des figures de la tête osseuse d'un Chélonien (*Chelonia midas*) et d'un Ophidien (Python) (3).

M. P. Gratiolet a poursuivi des recherches sur la circulation du sang chez les Reptiles. Ces recherches tendent à établir que lorsque l'organe respiratoire est insuffisant pour produire l'épuration entière du sang, le liquide nourricier traverse un filtre glandulaire avant d'y parvenir. Chez les Serpents, remarque M. Gratiolet, le sang veineux des parties situées en arrière du cœur passe avant d'arriver à cet organe par l'un de ces trois filtres, le rein, le foie, la glande surrénale. Ainsi, outre les deux veines portes déjà reconnues, celle du foie et celle du rein, il faut en compter une troisième, la veine porte des glandes surrénales. Le sang, ajoute l'auteur, se trouve donc filtré presque en entier; celui qui provient de la tête et du cou fait seul exception, et encore ce sang peut-il être considéré comme ayant déjà respiré en grande partie dans les vastes réseaux admirables du pharynx (4).

M. Poey a mis au jour le résultat de quelques investigations sur l'appareil circulatoire des Crocodiles (*Crocodilus rhombifer* et *Cr. acutus*). M. Duvernoy avait supposé que la communication existant entre les deux aortes se fermait avec l'âge; M. Poey a trouvé au contraire que les proportions de cette ouverture allaient en augmentant (5).

Un naturaliste italien, M. G. de Natale, s'est occupé d'une manière spéciale de l'organisation d'un Saurien de la famille des Scincides; le Scinque ocellé (*Scincus ocellatus*. Daud. *Sc. variegatus*, Schn. — Genre *Gongylus*. Wiegm. Dumér. et Bibron). Cet auteur a décrit toutes les parties du squelette en les comparant chez les autres Sauriens et surtout chez les Lézards; il a examiné le cerveau et la moelle épinière, mais a négligé l'étude des nerfs; chose curieuse même, il annonce n'avoir pu

(1) *Ueber Heloderma horridum* Wiegm. — *Archiv für Naturgeschichte*, s. 294, taf. XIII u. XIV (1853).

(2) *Prodrome de la classification des Reptiles ophidiens*. — *Mémoires de l'Académie des sciences*, t. XXIII (1853).

(3) *Hand-Atlas der vergleichenden Anatomie*. — Zweite Lieferung, taf. VI. — Jena (1853).

(4) *Système veineux des Reptiles*. — *Bulletin de la société philomatique de Paris*, p. 7 (1853), et *Journal l'Institut* (1853).

(5) *Circulacion del Cocodrilo*. — *Memorias sobre la historia natural de la isla de Cuba*, por Felipe Poey, t. I, p. 258, lam. 23, et Apendice, p. 435. — Habana (1853).

observer, malgré les recherches les plus minutieuses, le grand sympathique, qui est pourtant assez facile à suivre chez le Scinque ocellé. M. de Natale a encore donné quelques détails touchant l'œil, l'oreille, la cavité nasale, la langue, etc.; il a décrit d'une manière générale la peau, les muscles, le cœur et l'origine des principales artères, ainsi que quelques troncs veineux, puis les reins, les ovaires, l'appareil digestif et ses annexes et enfin l'appareil respiratoire. Ce travail porte donc sur l'ensemble de l'organisme d'une espèce, mais s'il contient l'exposition d'un certain nombre de faits, néanmoins l'étude d'aucun des systèmes organiques n'a été poussée bien loin (1).

M. Giebel a voulu déterminer quelles étaient les parties mobiles de la carapace des Tortues; la mobilité, a-t-il constaté chez les espèces aquatiques (*Cistudo carolina* et *C. europæa*), n'a pas lieu par les articulations, mais seulement au moyen de ligaments (2).

M. Münter a examiné l'appareil auditif d'un grand Chélonien (*Chelonia midas*). D'après ses observations, il n'existe aucun vestige de tympan; l'extrémité externe de la columelle est placée dans un sac membraneux qui représente le tympan et qui est entouré d'un tissu cellulaire lâche. Des faits qu'il a constatés, l'auteur conclut que le mécanisme de l'audition est là tout autre que chez les Oiseaux. Si l'on réfléchit, dit-il, sur les particularités de l'appareil auditif des Cheloniens, on est conduit à penser que l'audition chez ces animaux est plutôt un *tact mécanique*, car il n'existe chez eux aucune disposition propre à recevoir les vibrations sonores de l'air. Conclusion qui nous paraît un peu forcée. La trompe d'Eustache, dans la Chelonia, ajoute M. Münter, est fort large, et ses parois sont épaisses et cartilagineuses (3).

Les causes de la fragilité de certains Sauriens (*Ophisaurus*), connus en Amérique sous le nom de Serpents de verre, ont de nouveau occupé un naturaliste. M. Burnet a vu que les muscles ne s'étendent pas d'une vertèbre à l'autre, qu'une partie des fibres s'attachent à la peau, tandis que les autres se terminent entre deux vertèbres. Il a observé la même disposition chez une espèce du genre Scinque (*Scincus fasciatus*) (4).

Dans un mémoire ayant pour objet principal la structure de l'œil chez les Cétacés, M. Mayer a donné de brèves descriptions des différentes parties de l'œil d'un certain nombre d'Animaux vertébrés. Pour les Reptiles, l'exemple a été pris chez un Chélonien (*Chelonia caretta*) (5).

*

Nous avons encore à mentionner plusieurs mémoires ou notices publiés jusqu'au moment où nous écrivons.

M. Hyrtl a reconnu et a présenté comme un fait demeuré nouveau pour la science, la division transversale que l'on remarque dans les vertèbres caudales de Sauriens de différentes familles (6). Bientôt

(1) *Ricerche anatomiche sul* Scinco variegato, *in rapporto ai principali tipi d'organisazzione dei Rettili*, per Giuseppe de Natale. — *Memorie della reale Academia delle scienze di Torino.* — Seria 2ª, t. XXII, p. 371 (1853).

(2) *Jahresbericht des naturwissenschaftlichen Vereines in Halle.* Jahrgang 1852, s. 4 (1853).

(3) *Die Gehörwerkzeuge der Seeschildkröte.* — *Jahresbericht des naturwissensch. Vereines in Halle.* Jahrg. 1852, s. 238, taf. IV (1853).

(4) *Proceedings of the Boston Society of natural history*, vol. IV, p. 223 (1853).

(5) *Anatomische Untersuchungen über das Auge vom Wallfisch*, Balæna mysticetus, *und anderer Cetaceen; mit Bemerkungen über die Iris des Menschen und das Auge der Thiere.* — *Verhandlungen des naturhistorischen Vereines der preussischen Rheinlande und Westphalens*, 10 ter, Jahrg., s. 1. — s. 46, Bonn (1853).

(6) *Ueber die normale Quertheilung der Saurierwirbel.* — *Sitzungsber. der Akad. der Wissenschaften*, Bd X, Jahrg. 1853, s. 185 (1853).

après, M. Brühl a montré que la particularité offerte par les vertèbres caudales des Sauriens se trouvait décrite d'une manière détaillée par G. Cuvier (1). Dans la même note, il a rappelé que les appendices cartilagineux des côtes de Crocodiles analogues aux apophyses récurrentes des côtes des Oiseaux, que M. Stannius dit avoir rencontrés chez les jeunes Crocodiles (2), étaient également signalés par Cuvier (3). Aussi M. Brühl engage ceux qui s'occupent d'ostéologie à ne pas négliger de lire avec soin les *Recherches sur les ossements fossiles* (4).

Dans un travail sur la structure microscopique de la rétine, considérée chez les Animaux vertébrés et les Céphalopodes, M. de Wintschgau a décrit cette structure chez les Tortues, où déjà elle avait été examinée par MM. Hannover, H. Müller, etc. Il établit que la rétine de ces Reptiles ressemble entièrement à celle des Oiseaux, quant aux éléments qui la composent, que l'unique différence se montre dans la couche granuleuse externe. Une figure très-nette représente cette structure (5).

M. Burnet a fait de nouvelles recherches sur l'appareil vénénifique des Crotales; il a examiné les glandes et leur produit, ainsi que les muscles qui agissent pour déterminer l'éjaculation du venin (6).

M. C. Studiati est revenu sur les causes des changements de couleur du Caméléon, mais sans apporter d'observations neuves (7). Le même auteur a examiné les connexions de l'œuf avec l'oviducte chez un Saurien (*Seps tridactylus*) (8).

Dans un écrit sur les Serpents de l'Allemagne, M. Linck a traité des habitudes et du genre de vie de ces animaux (9). A l'occasion de ce travail, M. E. Dursy a exposé ses observations, qui souvent ne s'accordent pas avec celles de son devancier (10).

M. J. L. Soubeiran a groupé la plupart des faits rapportés par les auteurs, sur la morsure et les effets du venin de la Vipère; il a exposé les caractères différentiels des Vipères qui se rencontrent en France, ainsi que les particularités anatomiques relatives aux pièces osseuses, aux muscles et aux glandes de la tête; il a signalé comme n'ayant pas encore été observée, une languette musculaire qui se détache du muscle temporal antérieur, passe sous l'orbite et vient se fixer par une partie tendineuse en avant et en haut du maxillaire supérieur. L'auteur attribue une action importante à ce muscle, comme compresseur de la glande vénénifique et comme redresseur de l'articulation mandibulo-ptérygoïdienne (11).

M. H. Jacquart a publié un mémoire sur l'ensemble de l'appareil circulatoire des grands Serpents (*Python*), qui bien souvent déjà, ont été étudiés au point de vue anatomique. Il a décrit particulièrement avec soin les cavités du cœur. De belles figures accompagnent son travail (12).

(1) *Recherches sur les ossements fossiles*, t. V, part. II, p. 286.

(2) *Lehrbuch der vergleichenden Anatomie*, s. 436.

(3) *Recherches sur les ossements fossiles*, t. V, part. II, p. 100.

(4) *Nachweis gegen* Hyrtl *und* Stannius. — *Sitzungsberichte der Akademie der Wissenschaften*. Bd XI. Jahrg. 1853, s. 318. Wien (1854).

(5) *Ricerche sulla struttura microscopica della retina dell' Uomo, degli Animali vertebrati et dei Cefalopodi.* — *Sitzungsberichte der Kais. Akademie der Wissenschaften*. Bd XI. s. 943. — *Anfibii*, s. 962, fig. 9. Wien (1854).

(6) *Notes upon the poison apparatus of the Rattlesnake.* — *Proceedings of the Boston Society of natural history*. vol. V. p. 31 (1854).

(7) *Sulla causa dei cangiamenti di colore nella pelle del* Chamæleo africanus. — *Memorie della reale Academia delle scienze di Torino*. Seria 2a, t. XV, p. 89 (1855).

(8) *Interno alle connessioni dell' uovo coll' ovidutto nel* Seps tridactylus. — L. cit., p. 101.

(9) *Die Schlangen Deutschlands von* H. E. Linck. Stuttgart (1855).

(10) *Beiträge zur Naturgeschichte der deutschen Schlangen.* — Troschel's *Archiv für Naturgeschichte*, s. 283 (1855).

(11) *De la Vipère, de son venin et de sa morsure.* Paris (1855).

(12) *Sur les organes de la circulation chez le serpent Python.* — *Annales des sciences naturelles*, 4e série, t. IV, p. 321, pl. 9, 10 et 11 (1855).

*

Maintenant il nous faut revenir un peu en arrière pour énumérer ce qui a paru de plus important dans ces dernières années touchant les Faunes erpétologiques éteintes. Nous l'avons dit ailleurs, notre intention n'est pas de citer chaque description d'un fragment fossile quelconque; il ne peut être utile ici que de mentionner les travaux qui ont plus ou moins contribué à faire connaître les formes variées du squelette des Reptiles appartenant aux périodes géologiques.

M. E. Raspail a observé quelques débris, trouvés dans le terrain néocomien, d'un Reptile offrant une réunion de caractères assez étrange (*Neustosaurus gigondarum*) (1).

M. Kaup a consacré un mémoire aux espèces de Gavials particuliers au lias (2).

M. de Münster a ajouté de nouveaux détails sur le même sujet (3), et M. Bronn s'est occupé des Ichthyosaures des environs de Boll dans le Wurtemberg (4).

MM. Cautley et Falconer ont découvert une Tortue terrestre de proportions gigantesques dans les couches tertiaires subhimalayennes; ils l'ont regardée comme le type d'un genre particulier (*Colloso-chelys*) (5).

M. Owen a formé parmi les Sauriens un genre particulier (*Dicynodon*), d'après des crânes recueillis au cap de Bonne-Espérance (6).

M. A. Goldfuss a fait connaître la tête d'une grande espèce de Saurien appartenant au genre Mosasaure (*Mosasaurus Maximiliani*) (7); elle se rapporte sans doute à l'espèce signalée antérieurement par M. Dekay (*Mosasaurus Hoffmanni*) (8). Le même paléontologiste a représenté une tête de Crocodilien comme provenant du terrain carbonifère. Cette espèce est pour lui le type d'un genre particulier (*Archegosaurus Decheni*) (9).

M. E. Pranger avait signalé un Crocodile comme devant constituer un genre propre (*Enneodon Ungeri*) (10). Un examen attentif de M. Fitzinger a montré que l'auteur avait été trompé par la conservation imparfaite de la mâchoire (11).

M. Dunker a publié un mémoire sur les Crocodiles des terrains wealdiens du nord de l'Allemagne. On trouve mentionnés dans ce travail des types dont les rapports naturels sont imparfaitement constatés (*Macrorhynchus*, *Pholidosaurus*) (12).

M. H. de Meyer, auquel la paléontologie est redevable de nombreuses découvertes, a encore enrichi la science dans ces dernières années par des travaux intéressants. Il a ajouté à son genre Protorosaure

(1) *Observations sur un nouveau genre de Saurien fossile.* — Paris et Avignon, in-8° (1842).

(2) *Abhandlung über die Gavial-artigen Reptilien der Lias-Formation* (1842), et Leonh. *und* Bronn *Neues Jahrbuch*, s. 276 (1842).

(3) *Ueber süddeutsche Lias-Reptilien.* — Leonhard *und* Bronn *N. Jahrb.*, s. 127 (1843).

(4) *Ueber Ichthyosauren*, etc. — Leonhard *und* Bronn *Neues Jahrbuch*, s. 385, taf. III u. IV. (1844).

(5) *The Annals and Magazine of natural History*, t. XIV, p. 501 (1844), et t. XV, p. 55 (1845).

(6) *Transactions of the Geological Society of London*, vol. VII, p. 59 (1845).

(7) *Der Schädelbau des* Mosasaurus. — *Novor. Actor. Academiæ C. L. C. naturæ Curiosorum* t. XXIV, p. 113, tab. VI-IX (1845).

(8) *On the remains Reptiles of the genera* Mosasaurus *and* Geosaurus. — *Annals of the Lyceum of nat. history of New York*, t. III, p. 134 (1830).

(9) Leonhard *und* Bronn Neues Jahrbuch., s. 400, taf. VI (1847).

(10) *Ueber* Enneodon Ungeri, *ein neues Genus fossiler Saurier aus dem Tertiärgebilden.* — *Steyermärkische Zeitschrift*, Bd. VIII (1845), et Leonhard *und* Bronn *Neues Jahrbuch*, s. 112 (1846).

(11) Leonhard *und* Bronn *Neues Jahrbuch*, s. 188 (1846).

(12) *Nord deutsche Wealden Bildung*, in-4° (1846).

une espèce qu'on rencontre dans les schistes cuivreux de la Thuringe (1). Il a exposé les caractères d'un remarquable Saurien (*Homœosaurus*) et d'un nouveau type de Ptérodactyliens, dont il a obtenu un squelette presque complet (*Ramphorhynchus Gemingii*) (2); ensuite d'un Saurien des schistes lithographiques du département de l'Ain (*Saphæosaurus Thiollieri*) (3).

Nous ne mentionnons pas tous les mémoires et toutes les notices publiés par M. de Meyer, qui ne présentent pour notre sujet qu'une importance secondaire; indiquons cependant encore de cet auteur la description d'une Tortue paludine (*Emys turnoriensis*) des terrains tertiaires de la Styrie, qui offre des caractères remarquables (4), et l'établissement d'un genre pour une espèce du même groupe à raison des rapports des pièces vertébrales avec les pièces costales (5).

M. Pomel a considéré comme devant former un genre (*Apholidemys*) intermédiaire entre les Emydes et les Trionyx des espèces du calcaire grossier (6). Il a décrit aussi un Crocodile du terrain danien du département de la Marne (7).

M. Fischer de Waldheim a établi un genre (*Spondylosaurus*) dans l'ordre des Enaliosauriens sur des vertèbres découvertes dans le terrain oxfordien des environs de Moscou, qui réunissent plusieurs des caractères des Ichthyosaures et des Plésiosaures (8).

M. Curioni a décrit de nouveaux types de Sauriens du lias des environs du lac de Côme (*Macromiosaurus* et *Lariosaurus*) (9).

M. Mantell a établi parmi les Dinosauriens, d'après une simple mâchoire, un nouveau genre voisin des Iguanodons (*Regnosaurus Northamptoni*) (10).

Un type de la même famille, le genre Hyléosaure (*Hylæosaurus Mantell*), a offert des plaques allongées, aplaties et pointues, que l'on a comparées aux écailles dorsales qui forment une crête chez les Iguanides, et que M. Owen soupçonne être des côtes abdominales : M. Mantell a consacré une notice à ces épines (11). Ce paléontologiste a décrit encore plusieurs débris d'un animal du même groupe (*Pelorosaurus Conybeari*) (12), ainsi que d'un Reptile (*Telerpeton elginense*) découvert dans le vieux grès rouge de Moray en Écosse (13).

M. Bowerbank a examiné la structure des os chez un Ptérodactyle (14), et a présenté en outre quelques faits relatifs à ce type étrange (15).

M. Richard Owen, assisté dans une portion de son travail par M. Bell, a mis au jour une belle mo-

(1) Leonhard *und* Bronn *Neues Jahrbuch*, s. 797 (1845).

(2) Palæontographica, I. I, tab. V (1846), et Homœosaurus *und* Ramphorhynchus. — Frankfurt (1847).

(3) Thiollière, *Deuxième notice sur le gisement des calcaires lithographiques du département de l'Ain.* — Lyon, in-4° (1851).

(4) Leonhard *und* Bronn *Neues Jahrbuch*, s. 190 (1847).

(5) Leonh. *und* Bronn *N. Jahrb.*, s. 456 (1847).

(6) *Bibliothèque universelle de Genève* (1847).

(7) *Bibliot. univ. de Genève et Archives*, t. V, p. 308 (1847). Voyez aussi Pictet, *Traité de Paléontologie*, 2e édit., t. I, p. 455, 477, etc. (1853).

(8) *Bulletin de la Société des naturalistes de Moscou*, t. XVIII, p. 343 (1845); t. XIX, p. 90 (1846).

(9) *Giornale dell' I. R. Istituto lombardo*, t. XVI, p. 157 (1847).

(10) *Annals and Magazine of natural history*, 2d series, vol. II, p. 51 (1848).

(11) *On a dorsal dermal spine of the* Hylæosaurus *recently discovered in strata of Tilgate forest.* — *Philosophical Transactions of the Royal Society* (1850), part. II, p. 391, pl. XXVII.

(12) *On the* Pelorosaurus, etc., *Philos. Transact. of the Roy. Society* (1850), part. II, p. 379, pl. XXI-XXVI.

(13) *Quarterly Journal of the Geological Society*, t. VIII, p. 100 (1852).

(14) *Microscopical observations on the structure of the bones of* Pterodactylus giganteus. — *Quaterly Journal of the Geological Society of London*, vol. IV, p. 2 (1848).

(15) *On the* Pterodactyles *of the chalk formation.* — *Proceedings of the Zoological Society of London*, part. XIX, p. 14 (1851).

nographie accompagnée de figures, des Reptiles fossiles de l'argile de Londres. La première partie, qui est relative aux Chéloniens, comprend une nombreuse série d'espèces appartenant aux genres *Chelonia*, *Trionyx*, *Platemys* et *Emys*. La seconde partie est réservée aux Crocodiles, qui sont décrits comparativement aux espèces vivantes ; la troisième est consacrée aux Ophidiens, que les paléontologistes avaient eu peu l'occasion d'étudier jusque-là. M. Owen en a fait connaître plusieurs espèces d'après leurs vertèbres ; mais l'étude du squelette des Serpents n'ayant pas été poussée bien loin, il a été conduit, pour avoir des termes de comparaison précis, à décrire d'abord les vertèbres chez les principaux types d'Ophidiens de l'époque actuelle (1).

Peu après, M. Owen a fait paraître une monographie des Reptiles des terrains crétacés : celle-ci contient la description de divers Chéloniens, Sauriens, Emydosauriens, Enaliosauriens, Ptérosauriens et Dinosauriens (2).

Un reptile assez singulier du terrain néocomien inférieur, qui paraît se rattacher aux Dinosauriens, a été décrit par M. Cornuel (3).

M. Isaac Lea a formé un genre dans l'ordre des Sauriens (*Clepsysaurus pennsylvanicus*) sur des débris rencontrés dans le nouveau grès rouge de l'Amérique du Nord (4).

M. J. Leidy a décrit un fragment de mâchoire trouvé également dans le grès rouge, qu'il regarde comme appartenant à un type particulier de l'ordre des Sauriens (5). Le même auteur, dans un travail sur la Faune ancienne du Nébraska, pays situé au pied des montagnes Noires, entre le Missouri et le Platte, a fait connaître plusieurs espèces de Chéloniens de la période éocène, toutes du groupe des Tortues terrestres (*Testudo*) (6).

M. P. Gervais a signalé une espèce particulière de Plésiosaure, découverte au Chili par M. Cl. Gay (7). Dans son ouvrage sur les vertébrés fossiles de la France, il a énuméré et décrit les Reptiles que l'on rencontre dans les terrains de notre pays (8). Le même naturaliste a publié ensuite un aperçu sur les caractères de ces animaux. Dans ce mémoire, il indique la classe des Reptiles comme devant être partagée d'une manière naturelle en deux sous-classes : l'une, les *Chélonocampsiens* Gerv., comprenant les Chéloniens et les Crocodiliens ; l'autre, les *Saurophidiens* Blainv., réunissant les Ophidiens, les Amphisbéniens et les Sauriens (9).

En Italie, MM. E. Cornalia et Chiozza ont décrit, sous le nom de *Mesoleptes*, un fragment de Saurien du calcaire noir des environs de Comen, près de Trieste (10).

Plus tard, M. Cornalia a fait connaître un Reptile du groupe des Simosauriens, remarquable par le grand nombre de ses vertèbres cervicales, qui a été trouvé dans le lias, en Lombardie (11).

(1) *Monograph on the fossil Reptilia of the London Clay.* — *The palæontological Society*, part. I, Chelonia (1849) ; part. II, Crocodilia ; part. III, Ophidia (1850).

(2) *Monograph on the fossil Reptilia of the cretaceous formations.* — *The palæontological Society* (1851).

(3) *Bulletin de la Société géologique de France*, t. VII, p. 702 (1850).

(4) *Journal of the Academy of natural sciences of Philadelphia*, vol. II (1853).

(5) *On* Bathygnathus borealis, *an extinct Saurian of the new red Sandstone of prince Edward's Island.* — *Journal of the Academy of natural sciences of Philadelphia*, vol. II, p. 327 (1853).

(6) *The ancient Fauna of Nebraska.* — Chelonia, p. 101, pl. XIX-XXIV. — *Smithsonian contributions to knowledge*, vol. VI (1853).

(7) *Historia fisica y politica de Chile*, por Claudio Gay. — Zoologia, t. II, p. 130 ; Lam., 1 y 2. Erpetol. fossil (*Plesiosaurus chilensis*) (1848).

(8) *Zoologie et Paléontologie française.* — Paris, in-4° (1848-1852).

(9) *Observations sur les Reptiles fossiles de la France.* — *Comptes rendus de l'Académie des sciences*, t. XXXIX (1853).

(10) *Cenni geologici sull' Istria.* — *Giornale dell' I. R. Istituto lombardo di scienze, lettere ed arti*, t. III, p. 1 (1851).

(11) *Notizie zoologiche sul* Pachypleura Edwardsii — *Giornale dell' Istituto lombardo*, t. VI, fasc. 31-32 (1854).

Enfin, dans ces dernières années, M. Schlegel s'est occupé du *Mosasaurus* de Maestricht et d'une Tortue de taille gigantesque, provenant de la même localité, rectifiant des erreurs commises par suite de l'état défectueux des pièces (1).

MM. E. d'Alton et Burmeister ont mis au jour un travail étendu, et accompagné de belles figures, sur le Gavial de Boll, comparé aux Crocodilides actuels (2).

M. Andreas Wagner, aujourd'hui conservateur du magnifique muséo paléontologique de Munich, nous a fait connaître quelques-unes des pièces erpétologiques appartenant à cette vaste collection. Dans un mémoire où la plupart des espèces de Ptérodactyles sont comparées les unes aux autres, il en a enregistré une nouvelle (3). Dans un écrit sur les Sauriens nouvellement découverts dans les schistes lithographiques et le calcaire jurassique supérieur, il a décrit et représenté deux types intéressants (*Pœocormus laticeps*) et (*Homœosaurus macrodactylus*) (4); puis il s'est occupé des caractères qui différencient les espèces d'Ichthyosaures du lias de l'Allemagne méridionale (5); et, en dernier lieu, d'une Tortue (*Platychelys Oberndornferi*) et de quelques autres Reptiles, notamment un Saurien remarquable (*Homœosaurus Maximiliani*), des schistes lithographiques et du grès vert de Kelheim (6).

M. Hermann von Meyer, dans son grand ouvrage sur les faunes anciennes, a fait connaître, avec tous les détails désirables, les types sur lesquels, pour la plupart au moins, il avait déjà appelé l'attention lors de leur découverte. Après la description des Chéloniens de la molasse d'Œningen (*Chelydra Murchisonii* Bell et *Emys scutellata*) (7), il a traité des Reptiles du Muschelkalke (*Nothosaurus*, *Simosaurus*, *Pistosaurus*, *Trematosaurus* et *Sphenosaurus*) (8); puis des Sauriens des schistes cuivreux, en donnant une exposition très-complète des caractères du *Protorosaurus* (*Monitor de Thuringe*, Cuvier) (9), et a donné encore la description d'un Crocodile de la molasse suisse (10).

Les Chéloniens rencontrés dans cette dernière formation sont devenus pour MM. Pictet et A. Humbert le sujet d'une belle Monographie, accompagnée de nombreuses figures (11).

On doit à M. Quenstedt une étude des Gavials et des Ichthyosaures des terrains jurassiques de la Souabe (12), la connaissance d'une espèce de Ptérodactyle (*Pterodactylus suevicus*) des plus

(1) *Note sur le* Mosasaure. — *Comptes rendus de l'Académie des sciences*, t. XXXIX, p. 799 (1854).

(2) *Der Fossile Gavial von Boll.* — Fol. Halle (1854).

(3) *Beschreibung einer neuen Art von* Ornithocephalus (O. Ramphastinus). — *Abhandlungen der mathemat-phisikalischen Klasse der Kœniglichen bayerischen Akademie der Wissenschaften*, Bd. VI, s. 127, tab. 5, 6, 19 (1854).

(4) *Neue aufgefundene Saurier-überreste aus dem lithographischen Schiefern und dem obern Jurakalke.* — *Abhandl. der K. bayerischen Akad. der Wissenschaften*, Bd. VI, s. 661 (1854).

(5) *Beiträge zur Unterscheidung der in süddeutschen Lias vorkommenden Arten von* Ichthyosaurus. — *Abhandl. der K. bayerich. Akad. der Wissenschaft.*, Bd. VI, s. 483, tab. 16 (1854).

(6) *Beschreibung einer fossilen Schildkrœte und etlicher anderer Reptilien-Ueberreste aus dem lithographischen schiefern und dem grünnsandstein von Kelheim.* — *Abhandl. der K. bayerisch. Akad. der Wissensch.*, Bd. VII, s. 239, tab. 4, 5, 6 (1855).

(7) *Zur Fauna der Vorwelt.*, Bd. I. — *Fossile Sœugethiere, Vœgel und Reptilien aus dem Molasse Mergel von Œningen*, s. 12. Taf. 11 u. 12 u. s. 17. Taf. 7 (1845).

(8) Bd. II. *Die Saurier des Muschelkalkes* (1847-1855).

(9) Bd. III. *Saurier aus dem Kupferschiefer der Zechstein formation* (1856).

(10) Bd. IV, s. 67. Crocodilus Butikonensis *aus der süsswasser Molasse von Bütikon in Schweiz* (1856).

(11) *Monographie des Chéloniens de la molasse suisse.* — 4°, Genève (1856).

(12) *Ueber Gaviale und Ichthyosauren des Schwäbischen Jura's.* — Leonhard *und* Bronn's *Neues Jahrbuch*, s. 421 (1855).

remarquables, dont certaines parties se trouvent dans un parfait état de conservation (1), et en outre des observations sur les Gavials et les Ptérodactyles du Wurtemberg (2).

Une espèce appartenant à ce dernier type (*Rhamphorhynchus suevicus*), malheureusement fort incomplète, a encore été décrite et représentée par M. Oscar Fraas (3).

Un paléontologiste qui s'est livré également à l'étude des débris fossiles rencontrés dans le Wurtemberg, M. G. Jæger, a publié un écrit sur une espèce d'Ichthyosaure (*I. longirostris*), avec des remarques sur les autres Reptiles découverts dans le lias de la même contrée (4).

M. Isaac Lea, en Amérique, a obtenu du nouveau grès rouge, où avait été déjà rencontré son *Clepsysaurus*, une dent qu'il regarde comme appartenant à un nouveau type de l'ordre des Sauriens (5).

M. R. Owen a poursuivi ses études sur les Reptiles fossiles de la Grande-Bretagne, et a publié en dernier ce qui est relatif aux espèces découvertes dans les terrains de formation wealdienne (6). Les vertèbres d'un Serpent, trouvées à Salonique dans une formation tertiaire, ont été aussi l'objet d'une notice de la part de ce savant (7). Un genre de Sauriens (*Sclerosaurus armatus*, V. Meyer), provenant du grès bigarré des bords du Rhin, a fait également le sujet d'un mémoire pour M. Fischer (8).

*

Lorsque les découvertes paléontologiques se furent multipliées à tel point, que l'étude des travaux auxquels de si nombreux matériaux avaient donné lieu devenait extrêmement difficile, les naturalistes sentirent la nécessité de rapprocher dans un même cadre et de disposer dans un ordre méthodique les observations paléontologiques éparpillées de tous côtés. De là, la publication de plusieurs ouvrages d'une utilité réelle. Ces livres facilitent singulièrement les recherches bibliographiques, et ont surtout l'avantage de présenter, près les uns des autres, les caractères des différents types, et de rendre ainsi les comparaisons plus commodes.

M. Bronn, le premier, a compris ce besoin. Dans son ouvrage bien souvent cité par les paléontologistes (*Lethæa*), il a donné l'énumération des Reptiles découverts dans l'oolithe ou dans les terrains de formations antérieures (9), puis ceux des terrains crétacés et de la molasse (10). Mais, de notre temps, de semblables résumés se trouvent bientôt arriérés : aussi, le savant professeur de Heidelberg a-t-il multiplié les éditions de son œuvre. Dans la dernière, publiée récemment en

(1) *Ueber* Pterodactylus suevicus *in lithographischen Schiefer Wurttemberg's von* Friedrich August Quenstedt (avec une belle planche), 4° Tübingen (1855).

(2) *Ueber* Gavial *und* Pterodactylus Wurtembergensis. — *Wurtemberg. Naturwissenschaft. Jahres-Hefte*, XIII Jahrg., s. 34, Taf. 1 (1857).

(3) *Beiträge zum obersten Weissen Jura in Schwaben.—Wurtemb. Naturwissenschaft. Jahres-Hefte.* XI Jahrg., s. 77. Taf. 2 (1855).

(4) *Nova Acta Academiæ C. L. C. naturæ Curiosorum.* Bd. XXV, Th. II, s. 937, Taf. 30 (1856).

(5) Centomodon sulcatus. — *Proceedings of the Academy of natural sciences of Philadelphia*, p. 77 (1856).

(6) *Monograph of the fossil Reptilia of the Wealden formations. — The palæontographical Society.* — Chelonia (1853). — Dinosauria (1855). — Megalosaurus, Iguanodon, etc. (1856).

(7) *On the fossil vertebræ of a serpent* (Laophis crotaloides Ow.). — *The quarterly Journal of the geological Society of London*, p. 196, pl. 4 (1857).

(8) *Ueber* Sclerosaurus armatus H. V. Meyer, *eine neue Saurier-Gattung aus dem buntem sandstein bei Warmbach gegenüber Rheinfelden.* — Leonhard u. Bronn's *Neues Jahrbuch*, s. 436, Taf. 3 (1857).

(9) *Lethæa geognostica*, Bd. I, s. 497. — *Das Uebergangs bis Oolithen-Gebirge enthaltend* (1835-1837).

(10) Bd. II, s. 753. — *Das Kreide-und Molasse Gebirge enthaltend.*

collaboration avec M. Rœmer, nous trouvons une nouvelle énumération des Reptiles de la période carbonifère, du trias, de l'oolithe, de la craie et de la molasse (1).

M. Giebel de Halle a donné une exposition des caractères des types des faunes anciennes, avec des recherches qui lui sont propres (2). Plus récemment, nous avons eu de M. Quenstedt un Manuel de paléontologie (3); et chacun connaît l'utile *Traité* de M. A. Pictet de Genève, où les faits sont exposés, dans l'ordre zoologique, avec la plus grande clarté et une méthode qui ne laisse rien à désirer (4).

Pour compléter notre aperçu bibliographique concernant les Reptiles, il nous faut encore jeter un coup d'œil sur les travaux relatifs au développement embryonnaire de ces animaux. A une époque déjà ancienne, les naturalistes avaient observé plusieurs fois la couleuvre dans l'œuf; nous avons rappelé à cet égard les descriptions et les figures dues à Fabrizio d'Aquapendente, à Vesling, etc.: mais l'étude embryologique des Reptiles n'a été que dans la période scientifique actuelle poursuivie d'une manière assez approfondie pour que les résultats en soient considérables.

Les premiers, Emmert et Hochstetter publièrent un travail méritant l'attention des naturalistes. C'est une étude du développement des Lézards dans l'œuf, étude qui toutefois ne remonte pas jusqu'aux premières phases (5). Ces auteurs reconnurent que les œufs des Lézards sont analogues dans les points essentiels à ceux des Oiseaux; que le développement du fœtus s'effectue au moyen des mêmes organes, comme une membrane transparente sans vaisseaux, un amnios enveloppant étroitement l'embryon et deux membranes très-riches en vaisseaux, le chorion et la membrane vitelline. En même temps, ils s'attachèrent à constater les différences entre le développement de ces Reptiles et celui des Oiseaux, et ils reconnurent que chez les premiers le vitellus est, proportionnellement à l'albumen, infiniment plus volumineux; que l'albumen dans l'œuf des Lézards se réduit à une masse blanchâtre coagulée, suspendue aux deux côtés de l'embryon, dont ils n'ont même trouvé aucune trace dans l'œuf des Couleuvres. Ils ne virent pas de conduit vitellin dans les Lézards, non plus que chez les Couleuvres, mais ils observèrent pendant la dernière période de la vie embryonnaire le reste du vitellus et de son sac dans la cavité abdominale même du fœtus.

Après Emmert et Hochstetter, Dutrochet, en France, étudia les membranes de l'œuf des Lézards et des Serpents (6).

En Allemagne, les recherches embryologiques se multiplièrent bientôt d'une manière remarquable. M. F. Tiedemann, ayant obtenu des œufs de Tortues (*Emys amazonica*), conservés dans l'esprit-de-vin, et provenant du voyage au Brésil de MM. Spix et Martius, sut constater, avec la sagacité dont il a donné des preuves multipliées dans ses nombreux ouvrages, un certain nombre de faits. L'ancien

(1) H. G. Bronn's *Lethæa geognostica oder Abbildung und Beschreibung der für die gebirgs-formationen bezeichnendsten Versteinerungen.* — Dritte Auflage bearbeitet von H. G. Bronn und F. Rœmer (1851-1856). — *Kohlen-Gebirge.* Rept. (Rœmer). Bd. I, Th. II, s. 780. — *Trias-Gebirge.* Rept., Bd. II, s. 104. — *Oolithen Gebirge.* Rept., s. 469. — *Kreide periode.* Rept., s. 392. — *Molassen-Gebirge.* Rept., Bd. III, s. 721.

(2) *Fauna der Vorwelt mit steter Berücksichtigung der lebenden Thiere*, Bd. I, Abtheil. II. Leipzig (1847).

(3) *Handbuch der Petrefactenkunde.* — Amphibia, s. 88. Tübingen (1851-1852).

(4) *Traité de Paléontologie, ou Histoire naturelle des animaux fossiles*, t. I, p. 422, etc. (1853). — Une première édition. — *Traité élémentaire de paléontologie*, t. II (1845).

(5) *Untersuchung über Entwickelung der Eidechsen in ihren eyern.* — Reil und Autenrieth's *Archiv für die Physiologie*, s. 84, Tab. 1-2 (1811).

(6) *Mémoires de la Société médicale d'émulation* (1817).

professeur de Heidelberg et de Landshut a observé l'embryon déjà parvenu à un degré de développement assez avancé. Il rappelle, d'abord d'après Leguat et Carus ensuite (1), que l'albumen des œufs de Tortue ne se coagule pas aisément par la coction, à cause de la grande quantité d'eau qu'il contient; puis il décrit les membranes de l'œuf, la position du fœtus, l'amnios comme ne présentant pas de vaisseaux et contenant une petite quantité de liquide, les artères omphalo-mésentériques, l'allantoïde formé de deux feuillets comme chez les Oiseaux, le sac vitellin, etc. A l'égard des parties internes de l'embryon, le savant auteur a seulement remarqué que le conduit de Botal était double, de même que dans l'embryon des Oiseaux, et que le cerveau avait un très-grand volume par rapport à la dimension du corps, bien qu'il soit très-petit, comme on le sait, chez les Tortues adultes. La notice dans laquelle sont consignées ces observations se termine par la description succincte de l'embryon d'un Crocodile (*Crocodilus sclerops*) (2).

M. Baer, auquel revient l'honneur d'avoir tracé la voie des recherches embryologiques, a enregistré quelques faits relatifs au développement des Tortues, des Lézards et des Serpents, et s'est appliqué surtout à montrer les ressemblances et les différences les plus frappantes qui existent entre l'œuf et l'embryon des Reptiles et ceux des Oiseaux (3).

Jusqu'ici, cependant, personne encore n'a suivi les diverses phases du développement chez un Reptile quelconque. C'est M. Rathke qui le premier a réussi à mener à bonne fin des recherches de ce genre. Il s'est livré d'abord à l'étude de la Couleuvre, et a fait connaître, en partie, les résultats de ses investigations dans le *Traité de physiologie* de Burdach (4). N'ayant pas étudié les premières phases de la vie embryonnaire, il prend l'œuf au moment de la ponte, alors que le fœtus a déjà atteint des proportions assez notables et que les organes les plus essentiels existent en rudiment. M. Rathke décrit l'embryon de la Couleuvre, à cette période, comme roulé en spirale, avec la tête d'un volume considérable et ressemblant d'une manière frappante à celle du poulet au quatrième jour de l'incubation; la mâchoire inférieure à peine indiquée; les cavités nasales point encore formées; l'œil ayant une choroïde à peine colorée; l'iris manquant encore, ainsi que les paupières; les organes auditifs composés d'une petite saillie et d'une large ouverture, traversée par le nerf auditif et contenant une vésicule membraneuse remplie d'un liquide; des fentes branchiales au nombre de quatre de chaque côté; un cerveau très-semblable à celui du poulet au quatrième jour de l'incubation; le côté ventral du corps très-court, proportionnellement au côté dorsal, ce qui explique l'enroulement en spirale de l'embryon; la corde dorsale fort mince, avec sa gaîne épaisse et molle, mais encore sans trace de corps vertébraux. L'auteur examine ensuite quelques-uns des organes internes; puis, il ajoute : que l'embryon tout entier était renfermé dans un amnios qui l'enveloppait d'une manière très-serrée; qu'il existait déjà un allantoïde fort petit à la vérité, ayant la figure d'un sac rouge situé au devant de l'ouverture ombilicale et dès ce moment en contact avec le chorion; que le sac vitellin n'avait plus de connexion avec l'intestin que par les vaisseaux sanguins; que le cœur se composait d'un ventricule et d'une oreillette simples. M. Rathke entre alors dans certains détails sur les vaisseaux, les changements qu'éprouvent l'amnios et l'allantoïde, le développement des organes; et il termine en disant que le jeune animal, après sa sortie de l'œuf, peut se passer de nourriture pendant un long

(1) *Lehrbuch der Zootomie*, s. 681.

(2) *Zu Samuel Thomas von Sommering's Jubelfeier* von Friedrich Tiedemann (avec une planche). Heidelberg u. Leipzig (1828).

(3) *Ueber Entwickelungsgeschichte der Thiere. — Beobachtung und Reflexion* von Dr Karl Ernst v. Baer. — Zw. th., s. 154. — 4°, Kœnisberg (1837).

(4) Burdach's *Physiologie*, s. 40° — Burdach, *Traité de physiologie*, t. III, p. 181. — *Du développement de l'embryon de la Couleuvre* (1838).

espace de temps, la vie étant entretenue aux dépens des débris du jaune qu'il a entraînés avec lui et de la graisse qui s'est accumulée dans sa cavité abdominale.

Bientôt après, ayant repris cette intéressante étude embryologique de la Couleuvre, M. Rathke donna sur ce sujet un travail considérable, accompagné de belles figures (1). Ici, ses recherches sont poussées beaucoup plus loin, sans toutefois remonter encore jusqu'aux premières phases du développement. Il décrit avec soin la structure de la coque de l'œuf, le vitellus et sa membrane, et confirme l'observation d'Emmert et Hochstetter et de Volkmann sur l'absence d'albumen entourant le vitellus; puis, il passe à l'examen des plus jeunes embryons qui ont été l'objet de ses investigations, en étudie la forme extérieure et les différents appareils organiques, et s'occupe ensuite des changements qui s'opèrent depuis le moment où apparaissent les deux paires de fentes branchiales jusqu'à celui où ces fentes sont complètes et où se forme l'ombilic intestinal : c'est ce qu'il appelle la seconde partie de la première période. L'auteur reprend son étude de tous les organes, du temps où les quatre paires de fentes branchiales se sont constituées jusqu'à celui où ces orifices s'oblitèrent : c'est ce qu'il nomme la seconde période. De cette époque date la troisième période, qui dure jusqu'au moment où la peau se colore, et dès cet instant commence la quatrième période, qui va jusqu'à l'éclosion.

M. Rathke a suivi ainsi avec beaucoup de patience et d'habileté les changements de forme qu'éprouve l'embryon, le développement du squelette, des parties centrales du système nerveux, de l'appareil alimentaire et de ses annexes, du cœur et des principaux vaisseaux et des organes de la génération. En un mot, il a fait connaître le développement du type des Ophidiens d'une façon qui laisse peu à désirer.

Moins de dix ans plus tard, le célèbre professeur de Kœnigsberg donnait au monde savant une autre étude embryologique, offrant un intérêt d'autant plus grand qu'il s'agissait cette fois d'un type aux caractères étranges dans sa forme adulte, c'est-à-dire des Tortues (2). Ce sujet, on l'a vu, avait déjà occupé M. Tiedemann; M. Rathke lui-même avait signalé quelques particularités relatives aux corps de Wolff et aux organes génitaux observés chez de jeunes individus (3); mais tout cela ne constituait pas encore un ensemble de faits bien considérable. M. Rathke se proposa donc de suivre pas à pas le développement de l'Émyde d'Europe. Malheureusement, il lui fut impossible de se procurer des œufs à toutes les périodes d'incubation, et, pour étendre ses recherches autant que possible, il recueillit différents embryons de Chéloniens exotiques. Quoi qu'il en soit, dans son travail, qui est une réunion d'observations embryologiques plus ou moins intimement liées les unes aux autres, il décrit la conformation primitive de l'œuf et le jeune embryon de l'Émyde d'Europe (*Emys europæa*). Il examine ensuite des fœtus avancés dans leur développement et appartenant à diverses espèces, et expose les résultats d'une série d'études ayant trait à la formation du squelette, de la carapace, des muscles du dos, du sternum et de l'abdomen, à l'union des parois du corps et au plan d'échafaudage de l'épaule et du bassin, puis à l'appareil alimentaire, aux organes respiratoires, aux organes urinaires et génitaux, à des glandes particulières situées vers le point où les ailes du plastron ventral s'assujettissent aux parois de la carapace, au système vasculaire et à l'organe de l'ouïe. Ces recherches achevées, l'auteur se procura deux embryons d'Émyde d'Europe parvenus à peu près à la moitié de leur développement, et il en profita encore pour étudier les membranes de l'œuf, la forme extérieure et la conformation interne du fœtus.

(1) *Entwickelungsgeschichte des Natter* (Coluber natrix), von Dr H. Rathke. 4°, Kœnisberg (1839).
(2) *Ueber die Entwickelung der Schildkröten. — Untersuchungen* von Heinrich Rathke. — 4°, Braunschweig (1848).
(3) *Abhandlungen zur Bildungs-und Entwickelungsgeschichte des Menschen und der Thiere*, Th. 1, s. 43. — Leipzig (1832).

Pendant que M. Rathke contribuait pour une part si notable à l'avancement de nos connaissances touchant le développement des Reptiles, d'autres savants livraient à la publicité les résultats de quelques investigations. On eut ainsi des observations sur le développement de la Couleuvre dues à M. Volkmann (1), et des remarques sur l'œuf des Lézards dues à M. Rudolph Wagner (2). Dans un travail comparatif sur l'œuf de l'homme et des animaux, ce physiologiste a représenté l'œuf d'un Lézard (*Lacerta agilis*), dans le but de mettre en évidence la vésicule et la tache germinative, les vésicules germinatives primordiales, le disque proligère, le vitellus et sa membrane.

Dans un écrit ayant trait essentiellement au développement de la tête des Batraciens, M. Reichert consacrait un chapitre spécial à des considérations sur la formation de la tête osseuse chez les différents types de la classe des Reptiles (3).

Un peu plus tard, l'illustre Jean Müller observa chez les embryons de Serpents et de Lézards une singulière armature de l'os intermaxillaire. C'est une sorte de lame, appartenant au système dentaire, qui est courbée et dirigée en avant, avec son bord tranchant ainsi que son extrémité. Cette armature n'existe pas chez les embryons de Crocodiles ou de Tortues (4).

Un naturaliste de Montpellier, M. Westphal-Castelnau, qui vraisemblablement n'avait pas connaissance des travaux sur les Chéloniens de Peters, de Rathke, d'Owen, etc., reconnut qu'une jeune Tortue, au sortir de l'œuf, a la colonne vertébrale, les côtes et le sternum libres; que la partie du corps qui se trouvera plus tard recouverte par la boîte osseuse est alors simplement enveloppée par une membrane à laquelle adhèrent les plaques; que c'est dans l'épaisseur de cette membrane que se forment les ossifications destinées à constituer, par la suite, la boîte osseuse. De ses observations, il conclut, à peu près comme plusieurs de ses devanciers, « que ce n'est ni l'élargissement des côtes qui » forme la carapace, ni celui du sternum qui constitue le plastron, puisque les ossifications com- » mencent principalement sur des points distincts et plus ou moins éloignés des côtes et du sternum, » c'est-à-dire sur les parties qui ont le plus besoin d'être immédiatement consolidées, parce qu'elles » ne sont pas soutenues par le squelette (5). »

M. Rudolph Leuckart, dans un article sur la génération, exposa des faits intéressants sur le développement de l'œuf d'une Couleuvre (*Coluber lævis*) et d'une espèce de Lézard (*Lacerta crocea*). Il s'efforça d'établir que chez les Reptiles la substance vitelline primitive est dépourvue d'éléments cellulaires comme dans les Oiseaux, et manque d'abord d'enveloppe spéciale (6).

De son côté, un habile physiologiste de l'Écosse, M. Allen Thompson, donna un excellent résumé des connaissances acquises sur l'œuf des différents animaux, dans lequel se trouve naturellement une partie consacrée aux Reptiles (7).

Enfin, c'est M. Agassiz qui s'est consacré, dans ces dernières années, à l'étude approfondie du

(1) *De Colubri natricis evolutione.* — Lipsiæ (1834).

(2) *Prodromus historiæ generationis hominis atque animalium*, p. 11, tab. 2, fig. 27. — Fol. Lipsiæ (1836).

(3) *Vergleichende Entwickelungsgeschichte des Kopfes der nackten Amphibien nebst der Bildungsgesetzen des Wirbelthier-Kopfes in allegemeinen*, etc., s. 195, Taf. 3, fig. 1-5. — 4°, Kœnisberg (1838).

(4) *Monatsbericht der Kœniglichen Akademie der Wissenschaften* zu Berlin (1839), et *Archiv.*, s. 182, Taf. 12 (1841).

(5) *Académie des sciences et lettres de Montpellier. — Extraits des procès-verbaux des séances de la section des sciences.* Année 1851-1852, p. 28 (1852).

(6) Article *Zeugung* in Rud. Wagner's *Handwörterbuch der Physiologie* (1854).

(7) *The Cyclopædia of Anatomy and Physiology*, edited by R. B. Todd. — Supplément. — Art. *Ovum* (1852-1851).

développement des Tortues. Son travail, publié tout récemment, contient des observations suivies depuis les premières phases de la formation de l'œuf jusqu'à l'éclosion des jeunes (1). Les recherches de MM. Tiedemann et Rathke sur le même sujet avaient déjà mis en lumière des faits importants, mais l'œuvre de M. Agassiz se distingue tout d'abord par le soin que l'auteur a mis à ne laisser de côté aucune phase du développement, et à montrer ainsi la succession des modifications organiques qui s'opèrent dans le cours de la vie embryonnaire. Placé dans une contrée où les Chéloniens se rencontrent en abondance, M. Agassiz a pu poursuivre ses observations sur différentes espèces, et de la sorte rendre plus sûrs les résultats de ses investigations. On comprend qu'il n'est pas possible de donner ici un résumé d'un ouvrage aussi étendu et aussi complet. Nous aurons d'ailleurs l'occasion d'y revenir en traitant spécialement du développement des Tortues.

Dans un premier chapitre, le savant professeur de l'université de Cambridge s'occupe de la formation de l'œuf, du développement du vitellus et des cellules vitellines, de l'apparition de la vésicule de Purkinje, de l'accroissement de l'œuf dans l'ovaire, des membranes de l'œuf et de la fécondation. Dans le second chapitre, il passe à l'examen de la ponte, du dépôt de l'albumen et de la coque autour du vitellus, de l'absorption de l'albumen dans le sac vitellin, des changements que subissent successivement le vitellus et le disque embryonnaire. L'auteur étudie ensuite la formation et le développement des organes de l'embryon : c'est d'abord le cerveau, l'œil, l'oreille, la colonne vertébrale, le crâne et les autres parties du squelette; puis le système vasculaire, l'appareil digestif, etc.

De belles planches exécutées avec une rare précision permettent de suivre les descriptions avec toute facilité. En un mot, l'œuvre que nous venons de mentionner est de celles qui marquent dans la science.

*

On le voit par ce qui précède, la série des travaux auxquels a donné lieu l'organisation des Reptiles est déjà bien longue. Lorsque, sans compter même les connaissances peu nombreuses léguées par l'antiquité, on vient à recueillir et à rapprocher tous les faits introduits dans la science depuis deux siècles et demi, on est amené à reconnaître que la patience des scrutateurs de la nature s'est exercée dans une large mesure sur des êtres qui pourtant ne paraissent pas avoir le privilége d'attirer le plus l'attention de l'homme. Les premières recherches des naturalistes sur l'anatomie des Reptiles furent, en général, assez superficielles; mais quand, au commencement de notre siècle, le mouvement scientifique reçut cette vive impulsion qui, suivant toute probabilité, ne se ralentira pas de longtemps, on comprit combien il était intéressant de connaître la structure organique de ces animaux dont les formes, parfois si étranges, semblent promettre aux investigations des résultats inattendus. Aussi, dès à présent, est-il permis de dire que nos connaissances touchant l'organisation des Reptiles sont déjà fort avancées. Chaque système organique a été étudié dans tel ou tel type; dans plus d'une circonstance, un organe en particulier a fait le sujet de longues et minutieuses recherches; des traités généraux, publiés à diverses époques, ont présenté d'une manière plus ou moins complète le résumé des faits consignés dans des mémoires épars parmi une multitude de recueils et écrits dans les différents idiomes des peuples civilisés. Les zoologistes d'une époque encore récente avaient groupé les Reptiles d'après des caractères extérieurs faciles à saisir, mais d'une importance minime; les études anatomiques, poussées plus loin chaque jour, sont venues montrer qu'il y avait deux types essentiellement distincts, là où un

(1) *Contributions of the natural History of the United States of America*, by Louis Agassiz, vol. II, part. III. — *Embryology of the Turtle.* (Avec un atlas de 27 planches). 4°, Boston (1857).

seul avait été reconnu; ailleurs que l'importance attachée à la présence ou à l'absence de membres avait conduit à des rapprochements malheureux.

La connaissance de la charpente osseuse a surtout fait de rapides progrès. Les débris fossiles exhumés avec la plus grande ardeur n'ont pas peu contribué à diriger l'attention des naturalistes sur les caractères ostéologiques des différents types. Pour déterminer ces squelettes, ces fragments de squelettes des animaux qui ont vécu aux époques géologiques, il fallait naturellement soumettre ces débris à un examen comparatif avec les squelettes des espèces actuellement vivantes; examen qui devait produire chaque jour des notions plus précises sur l'ostéologie des Reptiles. Pour ces animaux comme pour les Mammifères, les recherches paléontologiques devinrent la cause principale d'observations nombreuses sur la charpente osseuse des espèces vivantes. Cuvier, posant la base de l'édifice, donna l'impulsion à ce genre de recherches qui a fourni à la science de grands résultats.

Dans le même temps, une grande idée commençait à imprimer aux travaux scientifiques une véritable direction, cette direction philosophique dont il a été tant parlé. Geoffroy Saint-Hilaire s'efforçait de démontrer que la charpente osseuse de tous les animaux est construite d'après le même plan général. La justesse de l'idée se manifestant toujours davantage en présence des observations qui se multipliaient, la science entra dans sa voie naturelle. On arriva peu à peu à se rendre compte des différences existant dans la conformation du squelette des Reptiles et des vertébrés supérieurs. En s'attachant à reconnaître dans toutes les parties, et principalement dans le crâne, les mêmes pièces que chez les Mammifères, on fut conduit à des comparaisons rigoureuses, inconnues jusqu'alors. De là naquit la précision indispensable à tout progrès. Bientôt après, en vue d'arriver à l'appréciation exacte des affinités zoologiques de certains types, on se livra à des études d'ostéologie comparée souvent minutieuses; nous avons mentionné celles de J. Müller, sur les Ophidiens et sur plusieurs genres de Sauriens; celles de M. P. Gervais, sur les Amphisbènes, et un grand nombre d'observations particulières plus ou moins importantes. D'un autre côté, l'état rudimentaire de certaines pièces du squelette appela l'attention de quelques anatomistes, et donna lieu aux recherches de Meyer, de Heusinger, de J. Müller, sur le bassin des Sauriens privés de membres.

En résumé, le squelette de la plupart des grands types de la classe des Reptiles a été décrit et souvent représenté, soit en partie, soit en totalité (1). Ce n'est pas en quelques traits qu'il serait possible d'indiquer tous les résultats acquis à la science par les études d'ostéologie. Il faut nous contenter de rappeler que les comparaisons des différentes parties du squelette ont servi d'une manière heureuse à la détermination et à la caractérisation des groupes naturels, comme à l'appréciation de leur parenté zoologique. C'est la conformation ostéologique qui tout d'abord a montré des différences profondes entre les Crocodiles et les Sauriens, auxquels ils avaient été associés, et qui conduisit de Blainville à en former l'ordre des Émydosauriens, lorsque d'autres caractères organiques propres à ces animaux étaient encore ignorés. C'est la conformation ostéologique qui a éclairé les naturalistes sur les véritables affinités des Sauriens privés de membres que l'on classait naguère avec les Serpents. C'est aussi la conformation ostéologique qui a montré la distance séparant certains types des autres représentants de la même grande division, parmi lesquels on peut citer comme les plus remarquables les Caméléonides, les Geckotides, les Amphisbénides. Enfin c'est la conformation ostéologique encore qui a permis de classer rigoureusement les espèces éteintes, et fait reconnaître des formes ne pouvant se rattacher à aucun des ordres établis pour les espèces vivantes.

(1) L'exposé des caractères ostéologiques des Reptiles le plus complet et le plus récent qui ait été publié se trouve dans l'ouvrage de M. Stannius, *Handbuch der Zootomie*. — Zweite auflage. — Berlin (1856).

De nouvelles études sur la charpente osseuse des Reptiles ne semblent donc pas devoir produire de bien grandes découvertes, et cependant lorsqu'on rassemble tous les faits aujourd'hui connus sur ce sujet, on s'aperçoit vite que, même sur ce point, la science est loin encore d'être arrivée à son terme. Il y a des lacunes, il y a en foule des détails incomplétement observés. Entre les représentants des familles, les modifications du squelette ont été peu suivies. On s'est occupé médiocrement de la nature des articulations, et la structure des os, dans chacune des divisions de la classe des Reptiles, n'a pas été l'objet d'observations comparatives.

Si l'on considère ce que les recherches entreprises jusqu'ici ont produit pour la connaissance des téguments, dans cette grande division du règne animal où les téguments offrent des variations des plus considérables, on trouvera que c'est peu encore. Une idée générale de la structure de la peau a été acquise; des notions assez étendues sur les glandes cutanées ont été fournies par les investigations de plusieurs naturalistes habiles; la disposition des écailles et des plaques cutanées, observée surtout par les classificateurs en vue de la caractérisation des genres et des espèces, a été décrite avec soin dans tous les types; mais on a presque complétement négligé l'étude de la structure de ces parties, et sous le rapport physiologique, un seul auteur, William Edwards (1), a constaté, par une expérience, que la peau des Lézards joue un rôle important dans la respiration (2). A cela il faut ajouter que les changements de couleurs que subissent les Caméléons ont commencé à être expliqués d'une manière assez satisfaisante par les auteurs qui ont fait connaître diverses particularités dans la structure de la peau de ces Reptiles.

A l'égard du système musculaire, les investigations des anatomistes sont demeurées assez limitées. Les muscles des Chéloniens, il est vrai, ont été étudiés et représentés avec une remarquable perfection par Bojanus; les observations de Home, de Hübner, de d'Alton, ont appris beaucoup sur l'arrangement des muscles chez les Ophidiens; des détails touchant la disposition de quelques-uns des agents des mouvements chez les mêmes animaux, chez les Crocodiles et les Sauriens, consignés dans des mémoires particuliers, et les caractères généraux de l'appareil musculaire d'un certain nombre de représentants de la classe des Reptiles, se sont trouvés enregistrés dans les traités d'anatomie comparée (3). Cependant la connaissance du système musculaire reste encore fort incomplète; les modifications entre les divers types ne sont pas en général précisées d'une manière suffisante : aussi n'a-t-on pas le moyen d'expliquer les différences si grandes des mouvements qu'exécutent les Reptiles, les uns remarquables par leur extrême agilité, les autres par leur lenteur. La comparaison des muscles des animaux de ce groupe avec ceux des vertébrés supérieurs n'a pas non plus été poussée aussi loin qu'il serait à désirer.

Dès le temps où l'anatomie des animaux commença à exciter l'intérêt, le cerveau des Reptiles fut examiné, à la vérité assez superficiellement; on reconnut toutefois qu'il offrait les mêmes parties que chez les Oiseaux, avec des modifications dans le développement relatif des différentes portions suivant les types; qu'il était cependant d'une forme plus allongée; que les hémisphères, bien moins développés que dans les vertébrés supérieurs, ne recouvraient point les tubercules optiques. On constata ensuite que la moelle épinière s'étend dans toute la longueur du canal vertébral, et qu'elle offre chez les espèces pourvues de membres des renflements aux points d'où s'échappent leurs nerfs. Les nerfs

(1) *De l'Influence des agents physiques sur la vie*, p. 127-128. — Paris (1824).

(2) Nous avons indiqué récemment les principaux résultats de nos recherches sur la structure des écailles chez les Sauriens et les Ophidiens, et sur le rôle de ces parties tégumentaires dans la respiration. — *Comptes rendus de l'Académie des sciences*. T. LI, p. 262 (1860).

(3) Voyez le plus récent; Stannius, *Handbuch der Zootomie*.

ne furent d'abord suivis que d'une façon fort incomplète. Une première étude approfondie de la névrologie d'un Reptile fut donnée pour la Tortue par Bojanus, et plus tard les nerfs crâniens et le grand sympathique devinrent l'objet de recherches détaillées de la part de plusieurs anatomistes, principalement de Swan, de Vogt, de Müller et de Bendz. En dernier lieu, les investigations de M. Fischer, de Hambourg, sur un type de l'ordre des Émydosauriens et sur différents Sauriens, ont fait connaître en grande partie la névrologie des Reptiles. Néanmoins, la conformation du cerveau n'a été étudiée chez aucun type d'une manière assez approfondie pour permettre une comparaison complète avec le cerveau des autres vertébrés, et à part le travail de Bojanus relatif à la Tortue, on ne possède l'ensemble du système nerveux d'aucun Reptile étudié dans ses rapports avec les autres parties de l'organisme.

Les organes des sens ont été aussi le sujet de recherches nombreuses, même sans compter les observations trop superficielles des anciens anatomistes sur l'œil du Caméléon. On a acquis des connaissances assez sérieuses sur la conformation des yeux chez différents types par suite des travaux de Sömmering, de Blainville, de Bojanus, de Treviranus, de Müller. Les études sur la structure intime des parties, de MM. Hannover, Lersch, etc., ont apporté à la science beaucoup de détails que nous ne pourrions indiquer ici sans entrer dans des descriptions qui doivent trouver leur place ailleurs.

Les travaux que nous avons mentionnés ont appris qu'il existait des variations considérables dans l'appareil auditif des Reptiles; que cet appareil, chez les Crocodiles, a une grande ressemblance avec celui des Oiseaux; que les Ophidiens ne possèdent pas la caisse du tympan qui existe chez les Sauriens.

Il a été constaté aussi, pour l'organe de l'olfaction, que la cavité nasale est toujours cartilagineuse et porte sur son plancher, chez un grand nombre de Reptiles, un cornet osseux; que les ouvertures postérieures, situées d'ordinaire vers le milieu de la cavité nasale, sont portées très en arrière au voisinage du larynx chez les Crocodiles, où il existe une sorte de voile du palais; qu'une glande nasale particulière se rencontre chez les Ophidiens, ainsi que dans plusieurs Sauriens.

L'appareil alimentaire est déjà bien connu chez tous les principaux représentants de la classe des Reptiles. L'armure buccale, réduite chez les Chéloniens à une simple lame cornée qui revêt les mâchoires, consiste chez tous les autres Reptiles en un système dentaire dont les variations sont extrêmes suivant les groupes. Aussi les zoologistes particulièrement ont observé et comparé les dents entre les différentes espèces dans le but d'en obtenir des caractères propres à la distinction des familles et des genres. Après les faits signalés par Cuvier dans ses recherches sur les ossements fossiles, Duméril et Bibron se sont attachés à cette étude, et le premier de ces deux auteurs s'est appliqué à grouper les Serpents d'après les caractères fournis par les dents.

On ne s'en est pas tenu à l'examen des formes et du mode d'implantation; la structure intime des dents a été observée chez plusieurs types vivants et fossiles, et par la connaissance de cette structure on a obtenu le moyen de déterminer des fragments fossiles. C'est à M. R. Owen, comme on le sait, que sont dues les belles recherches sur ce sujet, qui ont enrichi la science il y a près de vingt ans.

Une connaissance générale de la conformation de l'appareil digestif chez tous les principaux représentants de la classe des Reptiles est aujourd'hui acquise, par suite des travaux dont nous avons donné l'énumération. La langue, si variable entre les différentes espèces, a été surtout l'objet d'investigations nombreuses, et l'on a vu les efforts des anatomistes pour trouver la cause des mouvements si remarquables de la langue des Caméléons. Il est établi que, chez tous les Reptiles, il existe des glandes salivaires d'ordinaire peu développées. Dans les Chéloniens, ou au moins dans les Tortues terrestres et chez divers Sauriens, ces glandes consistent en un amas de cryptes situé sous la langue, tandis que chez les Crocodiles, outre les cryptes muqueux de la langue, on a constaté, sur les côtés de l'arrière-bouche, la présence de glandes salivaires regardées comme analogues aux amygdales des vertébrés supérieurs. Il est reconnu encore que chez les Ophidiens, et même chez plusieurs Sauriens, des glandes logées sous la peau le long des os maxillaires s'ouvrent à la base des dents, et versent dans la bouche un liquide gluant; et quant aux glandes venimeuses des Serpents, glandes affectées à un usage particulier, on sait qu'elles ont été décrites et représentées avec soin par plusieurs naturalistes. On a évidemment déjà beaucoup étudié les organes salivaires des Reptiles, mais aucun auteur cependant ne les a étudiés dans la série des types de manière à en suivre les modifications; aussi n'est-il pas établi que les glandes observées dans une espèce existent ou n'existent pas dans les autres espèces de la même famille ou du même ordre.

La configuration du tube digestif a été examinée dans tous les groupes de la classe des Reptiles; on en a publié des descriptions, mais très-peu de figures, de telle sorte qu'il n'est guère possible de se former une idée nette de ses modifications sans de nouvelles recherches. D'un autre côté, la structure des parties, la nature des glandes intestinales, etc., ont été à peu près complétement négligées. Le foie, le pancréas, la rate, au contraire, ont été comparés chez beaucoup de Reptiles, et l'on a vu que ces organes avaient donné lieu à un travail tout spécial, celui de MM. Brotz et Wagenmann. Des glandes surrénales ont été signalées chez tous les représentants de la classe.

L'appareil urinaire a été l'objet d'observations attentives; non-seulement on a décrit la forme des reins de divers Reptiles, mais la structure intime en a été étudiée, notamment par Huschke, J. Müller, Bowmann, etc. L'existence d'une vessie urinaire, sans communication directe avec les uretères, a été aussi reconnue dans les Chéloniens et les Sauriens.

Les formes de l'appareil respiratoire sont également connues dans les principaux types. Le larynx a été examiné chez plusieurs d'entre eux; les différences de la trachée-artère et des bronches, consistant en anneaux cartilagineux, ont été signalées entre les Ophidiens, les Sauriens, les Émydosauriens et les Chéloniens, ainsi que les modifications des poumons, espèce de sacs peu cloisonnés dans leur forme la plus simple, pourvus de cloisons nombreuses dans les espèces chez lesquelles se manifeste un perfectionnement, pourvus parfois d'appendices, comme dans les Caméléons, et, dans les types les plus parfaits, tels que les Crocodiles et les Tortues, composés d'un grand nombre de poches ou de cellules distinctes les unes des autres (1).

Des expériences ont été faites pour déterminer la chaleur des Reptiles, et constater les circonstances dans lesquelles elle s'éloigne plus ou moins de celle du milieu ambiant. On a vu que, suivant les observations de quelques naturalistes, des Serpents acquerraient, après la ponte, la faculté de produire un dégagement de chaleur suffisante pour permettre l'incubation des œufs.

L'appareil circulatoire des Reptiles a appelé de bonne heure l'attention des anatomistes, qui ont reconnu là un des caractères essentiels de la classe. Tout d'abord, il fut constaté que le cœur est formé de deux oreillettes et d'un seul ventricule, et que le mélange du sang artériel et du sang veineux s'effectue dans ce ventricule, offrant simplement les vestiges d'une cloison. Des observations ultérieures ayant démontré chez les Crocodiles l'existence d'une cloison complète, il fut admis que dans ce type il n'y avait pas de mélange entre les deux sangs, comme chez les autres Reptiles. La découverte, due à un auteur américain, Hentz, d'une communication entre les troncs qui partent du cœur, c'est-à-dire l'aorte et l'artère pulmonaire, observée ensuite par Panizza, Meyer, etc., vint fournir la preuve que les Crocodiles, malgré le perfectionnement de leur cloison interventriculaire, n'échappent pas à la généralité du caractère erpétologique.

On a acquis une connaissance exacte du système artériel de plusieurs types; c'est en première

(1) Voyez l'excellent résumé des connaissances acquises sur la respiration des Reptiles qu'a donné M. Milne-Edwards. — *Leçons sur la Physiologie et l'Anatomie comparée de l'homme et des animaux*, t. II, p. 278, 305, 387, 396 (1858).

ligne celui de la Tortue, si bien étudié par Bojanus; ce sont des observations détachées qui ont amené la découverte des principales particularités de celui des Crocodiles; ce sont aussi des recherches partielles et un travail spécial de M. Corti sur une grande espèce d'Égypte (*Varanus* ou *Psammosaurus arenarius*), qui ont appris quel est le mode de distribution des artères dans les Sauriens, et les études de plusieurs anatomistes qui ont montré cette distribution chez les Ophidiens. Enfin, dans ces derniers temps, les caractères qu'offrent les origines de l'aorte, suivant les groupes, ont été comparés par Rathke (1). Il est donc certain que la plupart des faits importants sur le système artériel des Reptiles sont aujourd'hui acquis à la science; néanmoins, faute de recherches d'ensemble bien comparatives, on est loin encore d'avoir des notions complètes sur les modifications qu'il éprouve entre les divers représentants de la classe.

Ceci s'applique également au système veineux, qui a été l'objet de patientes investigations de la part d'un assez grand nombre d'auteurs, dont nous avons rappelé les travaux. Dans ces dernières années, les veines-portes des capsules surrénales et des reins ont donné lieu à d'intéressantes observations (2). On a décrit aussi des glandes qui accompagnent les gros troncs vasculaires; ces glandes ont été regardées comme les analogues du thymus et de la glande thyroïde.

Le système des vaisseaux lymphatiques a été surtout étudié chez les Reptiles à une époque encore peu ancienne. Bojanus en a publié de très-belles figures pour la Tortue. Panizza, ensuite, a enrichi la science d'un travail particulier où les lymphatiques sont représentés dans les principaux types. Par les recherches de ce savant et par celles que J. Müller faisait en même temps sur les Batraciens, il a été démontré que les Reptiles possèdent sous la peau, derrière les os iliaques, des vésicules pulsatiles à parois musculaires, souvent désignées sous le nom de *cœurs lymphatiques*, qui, par leurs mouvements de contraction, chassent la lymphe dans les veines. Panizza avait moins étudié les lymphatiques des Ophidiens que ceux des Sauriens; cette lacune a été comblée par M. E. Weber.

Il est établi que les Reptiles ont des organes génitaux assez simples, variant néanmoins d'une manière remarquable entre les principaux groupes. Ces organes sont décrits dans les Traités d'anatomie comparée, et l'on en a publié quelques figures, mais jusqu'ici ils n'ont pas été l'objet de beaucoup de recherches approfondies. L'appareil génital de la Tortue a été étudié par l'auteur monographe que nous avons souvent cité, et celui d'un Saurien (*Lacerta stirpium*) a été le sujet des investigations de M. Lereboullet; il y a, en outre, les observations partielles disséminées dans divers écrits et que nous avons mentionnées.

On sait que les testicules, situés au-devant ou au-dessus des reins et maintenus par le péritoine, offrent des modifications notables suivant les types, qu'ils sont asymétriques chez les Ophidiens, qu'il y a de chaque côté un canal déférent aboutissant dans le cloaque et recevant sur son trajet, chez les Chéloniens et les Émydosauriens, un autre canal qui a été comparé aux vésicules séminales. Il est constaté que l'organe copulateur est double chez les Sauriens et les Ophidiens, et simple chez les Émydosauriens et les Chéloniens. Dans ceux-ci, la conformation du pénis, qui varie suivant les espèces, a donné lieu à des observations de la part de quelques anatomistes, Treviranus, Duvernoy, M. Peters (3), etc.

(1) *Untersuchung über die Aortenwurzeln.* — *Denkschriften der Akademie der Wissenschaften zu Wien*, Bd. XIII, s. 43 (1857).

(2) Jourdain, *Recherches sur la veine-porte rénale.* — *Annales des sciences naturelles*, quatrième série, t. XII, p. 134-165 (1859). — Jacquart, *Sur les veines abdominales du Caïman.* — *Mélanges d'anatomie et de pathologie*, p. 7 (1859). (Extrait de la *Gazette médicale*.) — On trouvera le meilleur exposé des connaissances actuelles touchant l'appareil circulatoire des Reptiles dans l'ouvrage de M. Milne-Edwards, *Leçons sur la Physiologie et l'Anatomie comparées*, t. III, p. 408 et suivantes.

(3) *Reise nach Mozambique.* — Amphibia, tab. II, fig. 5.

La forme générale des ovaires est connue également dans les principaux groupes de la classe des Reptiles. Les ovaires sont décrits comme consistant, chez les Sauriens et les Ophidiens, en deux tubes présentant à l'intérieur des cloisons sur lesquelles se développent les œufs, et chez les Émydosauriens et les Chéloniens, comme formés par des plaques à la face interne desquelles se produisent les œufs. Les oviductes débouchant dans le cloaque sont indiqués comme offrant de notables variations suivant les espèces et suivant les groupes, et les organes copulateurs sont reconnus simples ou doubles de même que chez les mâles; il y a un seul clitoris dans les Tortues et les Crocodiles, il y en a deux chez les Lézards et les Serpents (1).

On sait encore, principalement par les recherches de MM. Isidore-Geoffroy Saint-Hilaire et Martin Saint-Ange, que les Chéloniens et les Émydosauriens ont des prolongements du péritoine constituant des canaux particuliers. Il est démontré, enfin, que chez tous les Reptiles il y a au-devant de l'anus, à la suite du rectum, un cloaque très-variable dans sa forme comme dans son volume, dans lequel se termine l'intestin et viennent aboutir les uretères, la vessie et les conduits des organes de la génération.

Pour le développement, on a vu que la science était déjà enrichie d'études relatives au Lézard, d'un très-beau travail sur la Couleuvre et de recherches fort considérables sur les Tortues.

Les faits concernant l'organisation des Reptiles aujourd'hui enregistrés sont donc déjà bien nombreux. Il n'est aucun appareil, aucun organe qui n'ait été plus ou moins examiné dans les principaux types; pourtant, il n'en est presque aucun, à l'exception du système osseux, qui ait été complétement étudié. C'est en rapprochant une foule d'observations détachées qu'on arrive à former l'ensemble; aussi y a-t-il beaucoup de lacunes. Les modifications graduelles des organes ont été peu observées, et l'on n'a pas tenu compte des particularités qui sont en rapport avec les conditions biologiques et sur lesquelles nous croirons devoir insister tout spécialement dans la pensée d'en tirer quelque lumière pour la physiologie comparée. Si l'on envisage la question à un autre point de vue; si, au lieu de suivre un appareil organique chez les divers représentants de la classe des Reptiles, on examine tour à tour chaque type pour apprécier ce qui est connu de son organisation, on voit mieux encore l'étendue du champ ouvert aux recherches. En effet, l'anatomie entière d'un seul Reptile a été faite, celle de la Tortue de marais, et comme l'auteur s'est contenté de donner un atlas accompagné d'explications de planches, il s'ensuit que la comparaison, toujours si nécessaire quand il s'agit de préciser les faits, n'existe pas. On ne possède l'anatomie entière ni d'un Saurien, ni d'un Ophidien. Ce sont cependant les monographies qui, poursuivies d'après un plan déterminé et rapprochées ensuite de manière à rendre les comparaisons faciles, semblent être les travaux les plus capables de produire des résultats considérables pour la zoologie, pour l'anatomie comparée, pour la physiologie comparée. Toute observation qui amène la connaissance d'un fait jusque-là ignoré a certainement son importance, personne ne voudra le contester; mais les observations détachées ne conduisent pas à la constatation des coïncidences dans les modifications des différents appareils organiques; elles ne permettent guère, en général, de s'élever à des généralisations. Les études monographiques, au contraire, présentées successivement de façon que tous les détails soient comparables, réunissent tous les avantages pour la science.

(1) Le résumé le plus récent des connaissances acquises touchant les organes de la génération des Reptiles se trouve dans Stannius, *Handbuch der Zootomie*, zweite auflage. — Amphibien, s. 253 (1856).

ORDRE DES CHÉLONIENS (*CHELONII*).

Ce sont les Reptiles caractérisés : par leur double bouclier, la carapace et le plastron, formant une sorte de boîte dans laquelle le corps est enfermé, et qui ne laisse passer au dehors que la tête, le cou, la queue et les quatre membres; par leur corps ordinairement couvert d'un épiderme squammeux, et par leur bouclier de plaques écailleuses contiguës ou imbriquées; par leurs mâchoires privées de dents, et revêtues d'une enveloppe cornée comme celle des oiseaux, ou d'une membrane molle chez certaines espèces; par leur langue courte hérissée de filets charnus; par leurs vertèbres dorsales immobiles, les vertèbres du cou et de la queue étant seules douées de mobilité.

A ces caractères extérieurs, on ajoute que chez les Chéloniens l'omoplate et tous les muscles du cou et du bras, au lieu d'être attachés au-dessus des côtes et des vertèbres, sont fixés en dessous ainsi que le bassin et tous les muscles de la cuisse; que les os de l'épaule, attachés inférieurement au plastron sternal, constituent ainsi une sorte d'anneau; que l'os tympanique qui donne insertion à la mâchoire inférieure est immobile; que le ventricule du cœur n'est partagé que par une cloison fort incomplète, et que les poumons sont très-étendus.

*

Les Chéloniens ou les Tortues, ainsi qu'on les désigne habituellement dans le langage vulgaire, constituent l'un des groupes les mieux caractérisés et les mieux circonscrits du règne animal. La carapace formée par les côtes et par l'ossification du tégument donne à ces animaux un aspect étrange qui les fait reconnaître de tout le monde au premier coup d'œil. Aussi ont-ils été parfaitement distingués dans tous les temps, et soit que l'on ait considéré toutes leurs espèces comme appartenant à un seul genre ou à une seule famille, soit qu'on les ait regardées comme formant un ordre de la classe des Reptiles, il n'a jamais pu se produire aucune divergence relativement aux limites du groupe.

Linné et tous les anciens auteurs n'admettaient qu'un seul genre pour l'ensemble des représentants de l'ordre des Chéloniens, mais ces animaux devenus assez nombreux dans les collections et mieux étudiés qu'ils ne l'avaient été d'abord, on reconnut parmi les espèces des caractères d'une certaine importance, très-propres à les faire répartir dans une suite de genres et même dans plusieurs familles. Quelques-uns des caractères les plus remarquables qu'offrent ces différents Reptiles coïncidant avec des habitudes et des conditions biologiques particulières, leur distinction en familles s'est trouvée admise par tous les naturalistes modernes; on a généralement accepté la séparation des Tortues terrestres, des Tortues paludines, des Tortues fluviatiles et des Tortues marines.

Les Chéloniens habitent les régions chaudes ou tempérées des deux hémisphères. Relativement à cette vaste répartition géographique, le nombre des espèces vivantes actuellement connues n'est pas fort considérable. Duméril et Bibron n'en décrivent que cent vingt (1). Depuis on a fait connaître quelques nouvelles espèces, M. Gray notamment en a signalé plusieurs (2); mais l'augmentation ne

(1) *Erpétologie générale ou Histoire naturelle des Reptiles*, t. II (1835).

(2) *Catalogue of schield Reptiles in the collection of the British Museum.* — Part. I Testudinata (1855).

s'élève pas au chiffre d'une trentaine. Les Tortues fossiles décrites par les paléontologistes composent déjà une plus longue suite d'espèces.

Famille des TESTUDINIDES (*TESTUDINIDÆ*).

Les Testudinides se distinguent des autres Chéloniens par leur carapace fort bombée, formée par une charpente osseuse très-solide, et soudée sur la plus grande étendue de ses bords au plastron sternal; par leurs membres pouvant, ainsi que leur tête, se retirer entièrement sous la carapace; par leurs jambes comme tronquées et leurs pieds courts et massifs avec les doigts très-courts, réunis presque jusqu'à l'extrémité, tous pourvus d'un ongle, ordinairement au nombre de cinq aux pieds de devant et de quatre aux pieds de derrière.

Ces Reptiles se font encore remarquer par leurs mâchoires, dont aucun repli de la peau ne vient s'appliquer sur l'enveloppe cornée; par la membrane du tympan bien apparente. Du reste, les caractères qui les séparent des Tortues paludines n'ont pour la plupart qu'une importance assez secondaire.

La famille des Testudinides comprend toutes les Tortues essentiellement terrestres; ces animaux sont répandus dans les différentes parties du monde, et plusieurs de ceux de l'Afrique australe atteignent des dimensions énormes. Duméril et Bibron, qui se sont plu à introduire une foule de noms d'une utilité contestable, appliquent à cette famille la dénomination de *Chersites;* tous les autres erpétologistes la désignent par un nom tiré de celui du genre qui la compose essentiellement. Celui de *Testudinidæ* est employé par Charles Bonaparte, par M. Gray, etc.

Les Tortues terrestres ont été l'objet d'un certain nombre de recherches anatomiques que nous aurons l'occasion de rappeler; mais, à l'exception de leur squelette, déjà étudié d'une manière très-parfaite par Cuvier, aucun auteur ne s'est livré à une comparaison rigoureuse de leur organisation avec celle des autres types de l'ordre des Chéloniens.

L'espèce que nous avons choisie pour notre étude est celle qui est particulièrement commune sur la côte d'Algérie, et dont on se procure facilement à Paris des individus vivants presque dans toutes les saisons, c'est la :

TORTUE MAURESQUE (*TESTUDO IBERA*).

TESTUDO IBERA. Pallas. *Zoographia Rosso-Asiatica*, t. III, p. 18.
Eichwald. *Zoologia specialis Rossiæ et Poloniæ*, t. III, p. 196 (1831).
TESTUDO GRÆCA. Var. Daudin. *Histoire naturelle des Reptiles*, t. II, p. 230 (1803).
TESTUDO MAURITANICA. Duméril et Bibron. *Erpétologie générale*, t. II, p. 44 (1835).

Cette espèce atteint une longueur d'environ vingt-cinq centimètres; elle a sa carapace ordinairement d'un tiers plus longue que large, d'une teinte olivâtre, avec les plaques écailleuses plus ou moins bordées, et tachetées de noir suivant les individus, et dans tous les cas fortement striées; le plastron sternal, mobile en arrière, presque de la même longueur que le bouclier dorsal; les membres antérieurs garnis sur le devant des jambes et des pieds d'écailles tuberculeuses imbriquées et terminées en pointe mousse, et les membres postérieurs pourvus à la face interne de la cuisse d'un gros tubercule dirigé en arrière; la queue courte et simple à son extrémité.

La Tortue mauresque est extrêmement abondante sur le littoral de l'Algérie; on la rencontre également dans les parages de la mer Caspienne, et probablement elle se trouve aussi sur la côte d'Andalousie. Elle a été souvent confondue avec la Tortue grecque (*Testudo græca Lin.*), qui habite l'Italie, la Sicile et la Grèce; mais Duméril et Bibron ont très-bien établi les caractères qui distinguent ces deux Chéloniens. Seulement, comme ces naturalistes avaient reconnu que la Tortue d'Algérie ne diffère en aucune façon de la *Testudo ibera* de Pallas, on se demande dans quel but ils ont repoussé une dénomination déjà établie pour prendre un nouveau nom spécifique.

SYSTÈME OSSEUX.

Le système osseux de la Tortue comprend, outre les pièces ordinaires du squelette, des parties ossifiées qui s'unissent à ces dernières et donnent à la charpente solide un remarquable aspect d'étrangeté. Le squelette de ce type erpétologique offre du reste dans toutes ses parties des caractères très-particuliers et par cela même d'un grand intérêt. Nous avons à étudier l'arrangement et les formes des pièces osseuses, leur structure, les parties non ossifiées et la nature des articulations.

Dès le temps où la conformation des animaux a commencé à être l'objet des investigations des anatomistes, on a donné des descriptions et des figures du squelette des Tortues terrestres, mais c'est Cuvier en réalité qui a fait connaître l'ostéologie de ce type (1). Depuis, peu d'observations importantes ont été ajoutées au travail du célèbre auteur des *Recherches sur les Ossements fossiles*.

*

Tête. — La tête osseuse de la Tortue, en forme d'ovale assez court, déprimée dans le sens de sa hauteur, obtuse en avant, se fait remarquer par diverses particularités tout à fait caractéristiques. Ainsi, il y a absence d'os du nez, ou au moins absence d'ossification ; l'ouverture des narines est fort grande et plus haute que large; les orbites sont presque arrondis, d'une étendue considérable, comme c'est le cas le plus ordinaire chez les Reptiles, encadrés de toutes parts, situés latéralement et vers la partie antérieure de la tête; la région pariétale est élevée de façon à former une sorte de crête, qui est continuée en arrière par l'occipital; les fosses temporales sont très-grandes, et les caisses remarquablement vastes; les protubérances mastoïdiennes très-saillantes et les os tympaniques presque droits; la portion basilaire du crâne est plane, la région palatine concave, et la partie palatine des maxillaires canaliculée.

*

Os frontaux. — Les os frontaux sont au nombre de six ou de trois paires : 1° les frontaux antérieurs ou préfontaux, suivant la nomenclature de M. R. Owen (2); 2° les frontaux principaux, et 3° les frontaux postérieurs (postfrontaux — Owen).

Les frontaux antérieurs (3), en l'absence d'os du nez, sont articulés l'un à l'autre sur toute leur

(1) *Recherches sur les ossements fossiles*, t. V, deuxième partie, p. 176, pl. XI, fig. 17 à 20 (1824). La description de Cuvier est faite d'après la grande Tortue indienne.

(2) M. Owen propose de donner un simple nom substantif aux os que l'on a désignés ordinairement par un adjectif accolé à un substantif ou même par une phrase entière. La nomenclature du célèbre naturaliste est évidemment préférable à toute autre; mais, en l'adoptant dans la plupart des cas, nous croyons utile, pour la plus grande commodité de nos lecteurs, de rappeler en même temps les dénominations employées par Cuvier, qui sont les plus connues et qui sont adoptées dans la plupart des ouvrages d'anatomie comparée. — Voy. Owen. *Principes d'ostéologie comparée ou Recherches sur l'Archétype.* — Paris (1855).

(3) Pl. 2, fig. 1 a' et 2a'.

longueur. Situés au-devant de la boîte crânienne et avancés de manière à couvrir en dessus l'ouverture des narines, ils ont leur bord antérieur inégal ou même dentelé, leur face externe ou supérieure lisse et légèrement voûtée, et leur face interne sensiblement concave (1). Le préfrontal s'articule en arrière avec le frontal (2), et en dehors, c'est-à-dire sur la partie latérale de la tête, avec l'apophyse montante du maxillaire (3), de façon à circonscrire l'orbite en avant ; il forme en outre une portion descendante au dedans de l'orbite qui s'articule avec le vomer (4) et le palatin (5), laissant entre ces deux os et le maxillaire un trou à peu près ovalaire (6) qui communique avec les arrière-narines.

L'absence d'os du nez et la position avancée des frontaux antérieurs ont conduit quelques anatomistes à considérer ces derniers comme les os nasaux. Mais Cuvier a parfaitement démontré l'erreur en rappelant qu'en aucun cas les os du nez ne fournissent de parois à l'orbite.

Les frontaux principaux, ou simplement les frontaux (7), ainsi qu'il est préférable de les appeler, figurent ensemble une sorte de losange et couvrent une très-petite étendue de la boîte cérébrale. Le frontal limite une étendue assez faible de l'orbite, s'avance en pointe entre les préfrontaux, s'articule en arrière avec le postfrontal et le pariétal en se prolongeant en pointe, et présente au dedans de l'orbite une apophyse un peu recourbée intérieurement (8).

Le postfrontal (9), articulé d'une part avec le frontal et le pariétal par une portion très-étroite, et d'autre part avec le jugal et le squamosal par une portion plus large et plus mince, consiste en une simple arcade mince constituant en grande partie le bord postérieur de l'orbite et le bord antérieur de la fosse temporale.

La détermination des frontaux de la Tortue, comme de tous les Reptiles en général, ne présente aucune difficulté sérieuse. D'après la position et les connexions de ces os, on ne peut douter que les préfrontaux, les frontaux et les postfrontaux, ne forment un ensemble homologue au frontal unique de l'Homme et des Mammifères.

*

Pariétaux. — Les deux pariétaux (10) figurent une sorte de pentagone dont l'angle le plus aigu ou le postérieur s'unit par suture écailleuse à l'occipital et à la grande aile du sphénoïde ou alisphénoïde. Ils couvrent la plus grande portion de la boîte cérébrale, constituant une voûte fortement convexe qui présente en avant un méplat triangulaire, dont la base est comprise entre les angles formés par les frontaux, et dont le sommet, dirigé en arrière, est continué par une crête très-sensible qui se projette sur la région occipitale. Considéré isolément, le pariétal affecte une forme très-irrégulière (11); il s'articule par son extrémité antérieure avec le frontal (12), par une apophyse antéro-latérale très-

(1) Pl. 3, fig. 1 et 1 a'^*.
(2) Pl. 3, fig. 1 a'^1.
(3) Pl. 3, fig. 1 a'^2.
(4) Pl. 3, fig. 1 a'^3.
(5) Pl. 3, fig. 1 a'^4.
(6) Pl. 3, fig. 1 a'^5.
(7) Pl. 2, fig. 1 a et 2 a, et pl. 3, fig. 1 a et a^*.
(8) Pl. 3, fig. 1 a^1.
(9) Pl. 2, fig. 1 a'' et 2 a'', et pl. 3, fig. 1 a'' et a''^*.
(10) Pl. 2, fig. 1 b, 3 b, 4 b.
(11) Pl. 3, fig. 1 b^*.
(12) Pl. 3, fig. 1 b^{*1}.

saillante avec le postfrontal (1), en arrière par une suture écailleuse avec l'alisphénoïde (2) et l'occipital (3), et, plongeant très-bas dans la fosse temporale, il s'unit par son bord inférieur à l'orbitosphénoïde (4), par une apophyse dirigée en avant avec le palatin (5), et par une apophyse dirigée en arrière avec le ptérygoïde et le tympanique (6), circonscrivant avec ces deux derniers os le trou ovale.

Les pariétaux, comptant parmi les os les plus facilement reconnaissables de la tête, ont été exactement déterminés par tous les anatomistes chez les divers représentants de la classe des Reptiles.

*

Temporal. — Il n'y a pas ici d'os temporal dans l'acception que lui donnent les anthropotomistes; mais une région temporale qui est l'assemblage de plusieurs os dont la réunion est homologue à l'os unique de la tête de l'Homme et de la plupart des Mammifères. Cette région temporale est formée dans la Tortue par trois os: 1° la partie écailleuse ou le squamosal; 2° le tympanique, et 3° le mastoïde.

Le squamosal (7), tout à fait détaché du crâne comme le postfrontal, est un os un peu cintré, mince comme une lame, constituant en entier l'arcade zygomatique; il s'articule en avant (8) par suture écailleuse avec le postfrontal et le jugal, et, s'élargissant en arrière, il s'unit au tympanique en décrivant une courbe concave (9), de façon à entourer par sa face antérieure toute la portion élargie de ce dernier os.

Le tympanique (10) a des dimensions énormes. Dans sa portion supérieure, c'est un cadre complet pour un très-large tympan et pour une profonde cavité, constituant ainsi une sorte de caisse, suivant l'appellation fort habituellement employée par les anatomistes. Dans sa portion inférieure, séparée de la première par un brusque rétrécissement, c'est une apophyse massive pour l'articulation de la mâchoire inférieure. Le tympanique, par sa face interne, s'unit à l'alisphénoïde (11) et à l'occipital (12), laissant un espace intermédiaire qui forme la seconde cavité de l'appareil auditif (13). En dessus, il présente une surface assez large, articulée en avant avec le pariétal (14), et au bas de la fosse temporale avec l'apophyse de ce dernier et le ptérygoïde (15). Le cadre de la cavité tympanique se porte très-loin en arrière, de façon à former une grosse tubérosité (16) appliquée sur le paroccipital. La cavité a ses bords assez irréguliers (17); large en haut et étendue sous son cadre jusqu'au fond de la tubé-

(1) Pl. 3, fig. 1 b^{*2}.
(2) Pl. 3, fig. 1 b^{*3}.
(3) Pl. 3, fig. 1 b^{*4}.
(4) Pl. 3, fig. 1 q^{*}.
(5) Pl. 3, fig. 1 b^{*5}.
(6) Pl. 3, fig. 1 b^{*6}.
(7) Pl. 2, fig. 1 c, 2 c, 3 c.
(8) Pl. 3, fig. 1 c^{*1}.
(9) Pl. 3, fig 1 c^{*2}.
(10) Pl. 2, fig. 2 r, 3 r, 4 r.
(11) Pl. 3, fig. 2 a.
(12) Pl. 3, fig. 2 b.
(13) Pl. 3, fig. 2 c.
(14) Pl. 3, fig. 1 r^{*1}.
(15) Pl. 4, fig. 1 r^{*2}.
(16) Pl. 3, fig. 3 r, et pl. 3, fig. 1 r^{*3}.
(17) Pl. 3, fig. 1 r^{*4}.

rosité postérieure, elle descend très-bas dans la portion qui forme le *suspensorium* de la mâchoire inférieure. Cette cavité, dont la paroi antérieure est convexe, se trouve en quelque sorte partagée verticalement par une saillie qui, s'élevant de l'angle formé par le rétrécissement du tympanique, se porte vers le haut en s'affaiblissant (1). C'est à l'origine de cette éminence qu'on observe le trou qui donne passage à l'osselet auditif ou os ostéal. La portion inférieure du tympanique, dont la face antérieure est un peu concave et la face postérieure sensiblement convexe, se rétrécit graduellement jusqu'à l'extrémité (2), et se termine par une double surface articulaire pour la mâchoire inférieure; la surface interne est à peu près arrondie, et la surface externe, séparée de la première par une dépression, est légèrement oblique (3).

Ajoutons qu'entre le sommet du tympanique et le pariétal, c'est-à-dire à la partie supérieure du crâne, se trouve un trou d'assez grande dimension (4) servant au passage de la carotide externe.

Le mastoïde (5) de la Tortue est un os mince, une sorte de lame irrégulière, quelque peu variable même dans sa forme suivant les individus; il complète en dessus et en arrière la paroi de la cavité tympanique, et contribue à former la tubérosité postérieure; en avant, il s'unit à la branche supérieure du squamosal.

*

Détermination des pièces temporales. — Les pièces qui constituent l'ensemble homologue au temporal du crâne de l'Homme et des Mammifères, ont été un sujet de difficultés pour les anatomistes. De grandes divergences d'opinion relativement à leur détermination se sont manifestées; des noms différents ont été appliqués aux mêmes pièces.

Bojanus, qui détermine le jugal, zygomatique antérieur, et le postfrontal, zygomatique moyen, nomme zygomatique postérieur la partie écailleuse du temporal, c'est-à-dire le squamosal (6). Cuvier, le désignant comme temporal écailleux, a parfaitement reconnu l'homologie de cette pièce, ayant soin de rappeler qu'on a dans les Cétacés une multitude d'exemples où, comme chez les Tortues, elle forme à elle seule toute l'arcade zygomatique (7). Meckel, après avoir déclaré qu'on pourrait aussi bien prendre cet os pour une portion du jugal (8) que pour la partie écailleuse du temporal (9), adopte néanmoins la dernière détermination, celle de Cuvier (10). Un auteur allemand qui a fait une étude toute spéciale de l'os temporal dans la série des Vertébrés, Ed. Hallmann, regarde au contraire notre squamosal comme un démembrement du jugal, et le distingue par le nom de quadratojugal (11); il voit la partie écailleuse du temporal dans la pièce considérée par Cuvier comme le mastoïde (12). Ces

(1) Pl. 3, fig. 1 r^{45}.

(2) Pl. 3, fig. 1 r^{46}.

(3) Pl. 3, fig. 3.

(4) Pl. 2, fig. 1.

(5) Pl. 2, fig. 1 *d*, 3 *d*, 4 *d*, et pl. 3, fig. 1 *d* et *d'*.

Cet os est désigné par Cuvier et la plupart des autres anatomistes sous le nom de mastoïdien. M. Owen, d'après son excellent principe de donner un nom substantif à chacun des os, emploie le mot mastoïde, réservant l'appellation adjective de mastoïdien pour toute partie ayant rapport au mastoïde, comme *apophyse mastoïdienne*, etc.

(6) *Anatome Testudinis Europeæ*, p. 28 et 30 *i*, tab. X, fig. 24 *a* et 26 *i* (1819).

(7) *Recherches sur les ossements fossiles*, t. IV, deuxième partie, p. 179 (1824).

(8) Jochbein.

(9) Schläfbeinschuppe.

(10) *System der vergleichenden Anatomie*, Bd. 11, th. 1, s. 509 u 512.

(11) Quadratjochbein. — *Quadratojugale*.

(12) *Die vergleichende Osteologie des Schlæfenbeins*, s. 22-23. — Hannover, 4° (1837).

vues sont acceptées par un autre anatomiste qui s'est particulièrement occupé des homologies des os du crâne, le docteur Köstlin (1). M. Owen, qui a très-bien signalé les caractères du mastoïde et exposé les curieuses modifications de cet os chez les grands types d'animaux vertébrés, est d'accord avec Cuvier dans le cas actuel (2). Il nous semble en effet qu'il ne saurait y avoir ici aucun doute possible. Si l'on considère la situation et les connexions du squamosal et du mastoïde de la Tortue : le premier au-dessus et en avant du tympanique, formant l'arcade zygomatique ; le second à la partie postérieure de la *caisse*, en connexion avec le paroccipital, on ne s'explique guère l'opinion que celui-ci est le correspondant de la partie écailleuse du temporal de l'Homme et des Mammifères.

Quant au tympanique, il est reconnu par tous les anatomistes, mais qualifié de différents noms. Ainsi pour Bojanus c'est « la partie tympanique du temporal (3) », expression habituellement employée par les anthropotomistes. Pour Cuvier, dans sa description ostéologique des Tortues, c'est la caisse, tandis que dans le *Mémoire sur les Sauriens* c'est le tympanique. Plusieurs auteurs allemands, Meckel, R. Wagner (4), Köstlin, etc., désignent simplement cette pièce comme « la partie articulaire de l'os temporal (5) » ; d'autres la nomment tantôt os carré, tantôt tympanique (6), notamment M. Hallmann.

Nous n'avons compté que trois pièces osseuses entrant dans la constitution du temporal, et cependant la plupart des auteurs en font intervenir une quatrième, celle-ci considérée comme le rocher. Cuvier pense reconnaître cette partie dans la pièce que nous regardons avec M. Owen comme la grande aile du sphénoïde, ou l'alisphénoïde. Bojanus trouve le rocher dans une portion de l'occipital (le paroccipital). Les recherches de M. Owen sont venues jeter un nouveau jour sur ce point (7). Par une étude de la situation et des relations avec les pièces voisines du rocher ou pétrosal, ainsi qu'il le nomme, sur les principaux types d'animaux vertébrés, le savant naturaliste s'est appliqué à établir que cette partie, qui doit être considérée comme la capsule destinée à revêtir le labyrinthe, n'entre pour rien dans la constitution des parois crâniennes ; qu'elle est contenue dans une cavité formée par une portion du pariétal, de l'alisphénoïde et de l'occipital, et qu'au lieu de s'ossifier promptement et de se confondre avec le temporal, ainsi que cela se voit dans les Mammifères et les Oiseaux, elle demeure cartilagineuse chez les Chéloniens, chez les Sauriens et chez les Ophidiens. Une observation fort importante donne en effet une preuve de la réalité de ce fait. Chez les Crocodiles, une partie de la capsule auditive reste cartilagineuse, mais plusieurs portions s'ossifient autour des canaux semi-circulaires et du limaçon, et contractent de légères adhérences avec la surface interne du suroccipital, de l'exoccipital et de l'alisphénoïde ; c'est là le véritable rocher ou pétrosal.

Nous n'avons donc pas, pour la Tortue, à compter le rocher parmi les pièces osseuses de la tête, la démonstration donnée par M. Owen nous paraissant avoir mis ce fait presque hors de toute incertitude. Ajoutons qu'à cet égard les vues du célèbre anatomiste anglais ont déjà été adoptées par M. Stannius (8).

(1) *Der Bau des Knöchernen kopfes in den vier klassen der Wirbelthiere*, s. 272. — Stuttgard (1844).

(2) *Recherches sur l'Archétype*, p. 64.

(3) Pars tympanica ossis temporum, et son apophyse, processus articularis ossis temporum, ou, partis tympanicæ.

(4) *Lehrbuch der Zootomie*, s. 150 (1843).

(5) Gelenktheil des Schläfenbeins.

(6) Os quadratum seu tympanicum.

(7) *Principes d'anatomie comparée ou Recherches sur l'Archétype*, p. 58 et suivantes.

(8) *Handbuch der Zootomie*. — Zweite auflage. — Wirbelthiere, IIe Theil, s. 58. — Paragraphe (26) relatif à l'ostéologie de la tête des Chéloniens.

*

Otostéal (1) ou *osselet auditif.* — L'osselet auditif (2) est simple chez la Tortue ; il consiste en une tige grêle, qui s'épaissit très-sensiblement avant de se terminer par une sorte de disque concave s'appliquant sur la fenêtre ovale. Le bout extérieur, qui traverse l'os tympanique par le trou dont il a été fait mention, devient cartilagineux à son extrémité, et s'élargit de façon à former une plaque de même consistance et de figure lenticulaire enchâssée dans la membrane du tympan.

*

Occipitaux. — Dans les Reptiles en général, comme dans les Mammifères et les Oiseaux très-jeunes ou à l'état embryonnaire, l'occipital se compose de quatre pièces seulement; mais chez la Tortue il est divisé en six (3) : 1° un occipital supérieur, suivant l'appellation de Cuvier, ou suroccipital, suivant la nomenclature de M. Owen ; 2° un occipital inférieur ou basioccipital ; 3° deux occipitaux latéraux ou exoccipitaux ; 4° deux occipitaux externes ou paroccipitaux, ceux-ci devant être considérés comme un démembrement des occipitaux latéraux.

Le suroccipital occupe en arrière la partie supérieure et médiane du crâne (4), formant par sa face interne une voûte au-dessus des autres pièces de l'occipital, et extérieurement une sorte de cône qui se prolonge en arrière, pour se terminer en une pointe assez longue et obtuse à l'extrémité. Cet os se trouve en rapport par son bord extérieur avec les pariétaux, et par ses côtés avec les exoccipitaux.

Le basioccipital (5) est un os court, assez large, ayant sa face supérieure ou interne légèrement concave et sa face extérieure presque plane. Rétréci en arrière, de façon à constituer la portion inférieure du condyle pour l'insertion de l'atlas, il s'articule en avant avec le sphénoïde, et latéralement avec les exoccipitaux.

Ces derniers (6), unis par la base à l'occipital inférieur, contribuent à former le condyle articulaire, et s'élevant latéralement, ils complètent le cercle qui circonscrit le trou occipital, en venant s'articuler par une apophyse montante très-étroite (7) avec le suroccipital. Ces pièces osseuses sont percées de deux très-petits trous placés à la suite l'un de l'autre, et connus pour servir de passage à la double racine du nerf hypoglosse.

Le paroccipital (8), dont la forme est très-irrégulière, est un simple démembrement externe de l'exoccipital ; il se trouve en rapport par sa partie supérieure avec le suroccipital, le pariétal et le tympanique ; par sa portion antérieure, avec l'alisphénoïde, et en arrière, où il présente une saillie obtuse très-prononcée, avec le mastoïde et le tympanique. Il circonscrit avec l'exoccipital un trou assez grand qui donne issue au nerf glossopharyngien, et est perforé d'un autre petit trou situé en dehors du premier.

Le condyle occipital (9), très-saillant, un peu tronqué par le haut, arrondi sur les côtés et légère-

(1) Nom proposé par M. Owen.
(2) Pl. 2, fig. 3 *t* ; pl. 3, fig. 1 *t* et 1 *t**.
(3) Pl. 2, fig. 1, 2, 3, 4 *e*, *e'*, *e''*, *e'''*, et pl. 3, fig. 1 et 2.
(4) Pl. 2, fig. 1 *e*, 2 *e*, 3 *e*, et pl. 3, fig. 1 *e*, 4 *e*.
(5) Pl. 2, fig. 2 *e'''*, 3 *e'''*, 4 *e'''*, et pl. 3, fig. 1 *e'''* et 4 *e'''*.
(6) Pl. 2, fig. 2 *e'*, 4 *e'*, et pl. 3, fig. 1 *e'*, 1 *e**' et 4 *e*.
(7) Pl. 3, fig. 1 *e**'1.
(8) Pl. 2, fig. 1 *e''*, 2 *e''*, 3 *e''*, 4 *e''*, et pl. 3, fig. 1 et 4 *e''* et 1 *e**''.
(9) Pl. 2, fig. 4.

ment rétréci par le bas, offre trois lobes nettement délimités : l'un basilaire, formé par l'occipital inférieur, et deux latéraux, formés par les exoccipitaux : ce sont les surfaces articulaires de la tête avec l'atlas.

Le trou occipital (1) ne présente pas de différence sensible entre sa hauteur et sa largeur, au contraire de ce que l'on voit chez d'autres Reptiles ; il est à peu près complétement arrondi.

*

Toutes les pièces composant l'occipital de la Tortue sont faciles à reconnaître ; cependant, à une époque, le démembrement de l'exoccipital, c'est-à-dire sa séparation en deux os, fut l'objet d'un embarras pour les anatomistes. Cuvier d'abord avait regardé le paroccipital comme le rocher ; mais, ainsi qu'il le dit lui-même, un examen attentif ne permettait pas de conserver cette opinion ; il démontra alors d'une façon irrécusable que l'occipital extérieur (paroccipital) est un démembrement de l'occipital latéral, tout comme le frontal postérieur en est un du frontal principal (2). Wiedemann se rendit aussi très-bien compte de cette particularité (3), tandis que Ulrich, Spix, Bojanus (4), etc., persistèrent à voir le rocher (*os petrosum*) dans l'occipital extérieur. Ces auteurs évidemment s'arrêtaient trop peu à la configuration et aux rapports des parties entre elles, et attachaient une importance exagérée au nombre ordinaire des pièces qui constituent l'occipital. D'un autre côté, sans doute à cause de la saillie que présente en arrière le paroccipital, cet os a été pris pour le mastoïde (5) ; détermination du reste à laquelle devaient se trouver conduits ceux qui considéraient le véritable mastoïde comme la partie écailleuse du temporal (squamosal). Aujourd'hui les caractères de l'occipital des Tortues, ainsi que ceux du mastoïde, sont parfaitement reconnus, et à leur égard il ne peut se produire aucune divergence d'opinion méritant d'arrêter l'attention.

*

Sphénoïde. — L'ensemble qui répond au sphénoïde de l'Homme et des Mammifères en général, est composé de plusieurs os entièrement séparés chez tous les Reptiles ; mais le nombre varie entre les divers types de cette classe d'animaux.

Chez la Tortue, il y a : 1° le sphénoïde proprement dit ; 2° les alisphénoïdes, qui correspondent aux grandes ailes ou ailes temporales du sphénoïde des Mammifères ; 3° les orbitosphénoïdes ou ailes orbitaires, et 4° les ptérygoïdes, qui répondent aux apophyses ptérygoïdiennes. Il n'y aucune trace du sphénoïde antérieur, qui existe chez un grand nombre de Reptiles.

Le sphénoïde (6), articulé au-devant du basioccipital, paraît occuper un espace très-limité de la base du crâne, si on le considère sans avoir détaché les parties voisines. Il se montre alors comme une surface parfaitement plane, avec les côtés presque parallèles et le sommet en forme de cône. Lorsqu'il est isolé, on s'aperçoit qu'il est beaucoup plus grand qu'on ne l'avait supposé d'après l'inspection de la tête entière, car ses bords latéraux, d'une assez grande épaisseur, sont taillés obliquement (7), et,

(1) Pl. 3, fig. 5.
(2) *Ossements fossiles*, t. V, part. II, p. 180.
(3) *Archiv für Zoologie*, Bd. II. s. 181 (*Testudo tabulata*).
(4) *Anatome Testudinis Europeæ*, fig. 25, 26, etc.
(5) Hallmann. — *Die vergleichende Osteologie des Schlæfenbeins*, s. 31 (1837).
(6) Pl. 2, fig. 2, et pl. 3, fig. 1 et 4.
(7) Pl. 3, fig. 1.

de la sorte, recouverts par les ptérygoïdes, et en avant par le vomer. Par sa face interne (1), le sphénoïde figure assez bien une selle ayant deux grandes branches coniques relevées, dirigées en avant et un peu divergentes (2), au-dessous desquelles se trouvent deux carènes tronquées à l'extrémité et convergentes, qui limitent une cavité profonde pour la glande pituitaire (3).

L'alisphénoïde ou la grande aile (4), masqué extérieurement par le pariétal et le tympanique, se laisse apercevoir au dehors seulement par l'échancrure postérieure du pariétal. Il s'articule par sa base avec une grande portion du bord latéral du sphénoïde, et s'élève verticalement pour s'unir dans toute son étendue avec le pariétal. L'alisphénoïde, creusé de manière à former une partie de la cavité de l'oreille interne, a beaucoup d'épaisseur en arrière, où il se trouve en rapport avec l'exoccipital.

L'orbitosphénoïde ou aile orbitaire (5) est une toute petite pièce enclavée dans l'échancrure inférieure du pariétal, dont il a été question plus haut, et articulée par sa base avec le sphénoïde et le ptérygoïde, et en avant avec le palatin. Le pariétal circonscrivant totalement en arrière la cavité de l'orbite, l'orbitosphénoïde, ici tout à fait rudimentaire, n'y prend aucune part.

Le ptérygoïde (6) forme une partie considérable de la face inférieure et latérale du crâne, couvrant en partie le sphénoïde et entourant à l'extérieur le palatin jusqu'au maxillaire. Il s'unit en arrière au paroccipital et au tympanique, sur le côté, par une portion montante, à l'alisphénoïde, au pariétal et à l'orbitosphénoïde, et en avant avec le vomer et le palatin. Les deux ptérygoïdes remplissent ainsi tout l'espace de la base du crâne compris de chaque côté entre le sphénoïde et le tympanique.

*

Détermination des pièces sphénoïdiennes. — Le sphénoïde, par sa configuration et ses connexions avec les parties voisines, étant des mieux caractérisés, s'est trouvé reconnu par tous les anatomistes sans la moindre difficulté. Il en est à peu près de même encore pour les ptérygoïdes, souvent désignés sous le nom de partie ptérygoïdienne du sphénoïde (7). Mais il en est autrement pour les ailes, les alisphénoïdes et les orbitosphénoïdes.

La pièce surtout désignée comme l'alisphénoïde ou la grande aile, est de nature à soulever encore des controverses. Cuvier, de même que Spix, Ulrich, etc., l'avait primitivement regardée comme l'aile temporale; mais plus tard, lorsqu'il reconnut exactement l'occipital extérieur, il n'hésita plus à la considérer comme le rocher (8), opinion très-généralement acceptée depuis cette époque. La détermination de l'illustre auteur des *Recherches sur les Ossements fossiles* semble justifiée par le fait que cette pièce contribue à la formation de la cage du labyrinthe. Mais on a vu précédemment que M. Owen, s'appuyant de la découverte dans le Crocodile d'une partie ossifiée interne qui semble en effet être le véritable représentant de la portion pierreuse du temporal du crâne des Mammifères, voit dans la pièce osseuse considérée par Cuvier comme le rocher, la grande aile temporale, c'est-à-dire l'alisphénoïde. En examinant en effet son articulation étendue avec le sphénoïde, sa dépendance

(1) Pl. 3, fig. 4.
(2) Pl. 3, fig. 4.
(3) Pl. 3, fig. 4.
(4) Pl. 3, fig. 4.
(5) Pl. 3, fig. 4.
(6) Pl. 2, fig. 2 et 3*a*, et pl. 3, fig. 4 et 4*a*. — Cet os est appelé *ptérygoïdien* dans les ouvrages de Cuvier. La modification de ce nom en celui de *ptérygoïde* est proposée par M. Owen, par le motif indiqué plus haut à propos du mastoïde.
(7) Pars pterygoidea sphenoidei. — Bojanus, *Anatome Testudinis Europeæ*, etc.
(8) *Recherches sur les ossements fossiles*, t. V, deuxième partie, p. 480.

Ordre des SAURIENS. *SAURII.*

Famille des CAMÉLÉONIDES. *CHAMÆLEONIDÆ.*

Genre CAMÉLÉON. *CHAMÆLEO.* Linné.

Système osseux. — (Chamæleo africanus, Gmelin. — Le Caméléon commun. — Lacerta chamæleon, Linné.

Fig. 1. Squelette d'un individu de grande taille, vu de profil, dans la position de l'animal grimpant.

a, frontal. — *a'*, frontal antérieur. — *a''*, frontal postérieur. — *b*, pariétal. — *c*, temporal. — *d*, mastoïdien. — *e*, occipital supérieur. — *e'*, occipitaux latéraux. — *e''*, occipital inférieur. — *f*, rocher. — *g*, os nasaux. — *h*, maxillaires supérieurs. — *i*, intermaxillaire. — *k*, lacrymal. — *l*, jugal. — *m*, vomer. — *n*, os palatins. — *o*, ptérygoïdiens. — *p*, os transverse (de Cuvier). — *q*, sphénoïde. — *r*, tympanique. — *s*, maxillaire inférieur.

Il n'a pas paru nécessaire d'indiquer par des lettres la série des vertèbres. Les cervicales, au nombre de deux, sont en partie cachées par le temporal; viennent ensuite les dorsales, au nombre de dix-sept, indiquées par les côtes; les lombaires, au nombre de deux; les sacrées, au nombre de deux, en partie cachées par l'épiphyse cartilagineuse du pubis; et les caudales.

1, le sternum. — 1', le coracoïdien. — 1'', l'omoplate. — 1''', son épiphyse cartilagineuse. — 2, l'humérus. — 2', le cubitus. — 2'', le radius. — 3, les os du carpe. — 3', les os du métacarpe, suivis des phalanges digitales. — 4, ilion. — 4', son épiphyse cartilagineuse. — 5, pubis. — 6, ischion. — 7, fémur. — 8, tibia. — 8', péroné.

Fig. 2. Tête vue en dessus, avec les mêmes lettres que pour la figure 1.

Fig. 3. Tête vue en dessous, avec les mêmes lettres que pour les figures 1 et 2.

Fig. 4. Os hyoïde vu de profil. — *a*, corps. — *b*, cornes antérieures. — *c*, cornes inférieures.

Fig. 5. Os hyoïde vu de face.

Fig. 6. Membre antérieur.

a, cubitus. — *a'*, portion cartilagineuse ossifiée. — *b*, péroné. — *c*, *c'*, *c''*, *d'*, os du carpe. — *c*, pisiforme. — *c'*, os cubital. — *c''*, radial. — *d*, os central. — *e*, os métacarpiens. — *f*, premières phalanges des doigts. — *g*, ongles.

Fig. 7. Membre postérieur.

a, tibia. — *b*, péroné. — *c*, *c'*, *d*, *d'*, os du carpe. — *c*, tibial. — *c'*, péronien. — *d*, *d'*, os centraux. — *e*, os métacarpiens. — *f*, premières phalanges des doigts. — *g*, ongles.

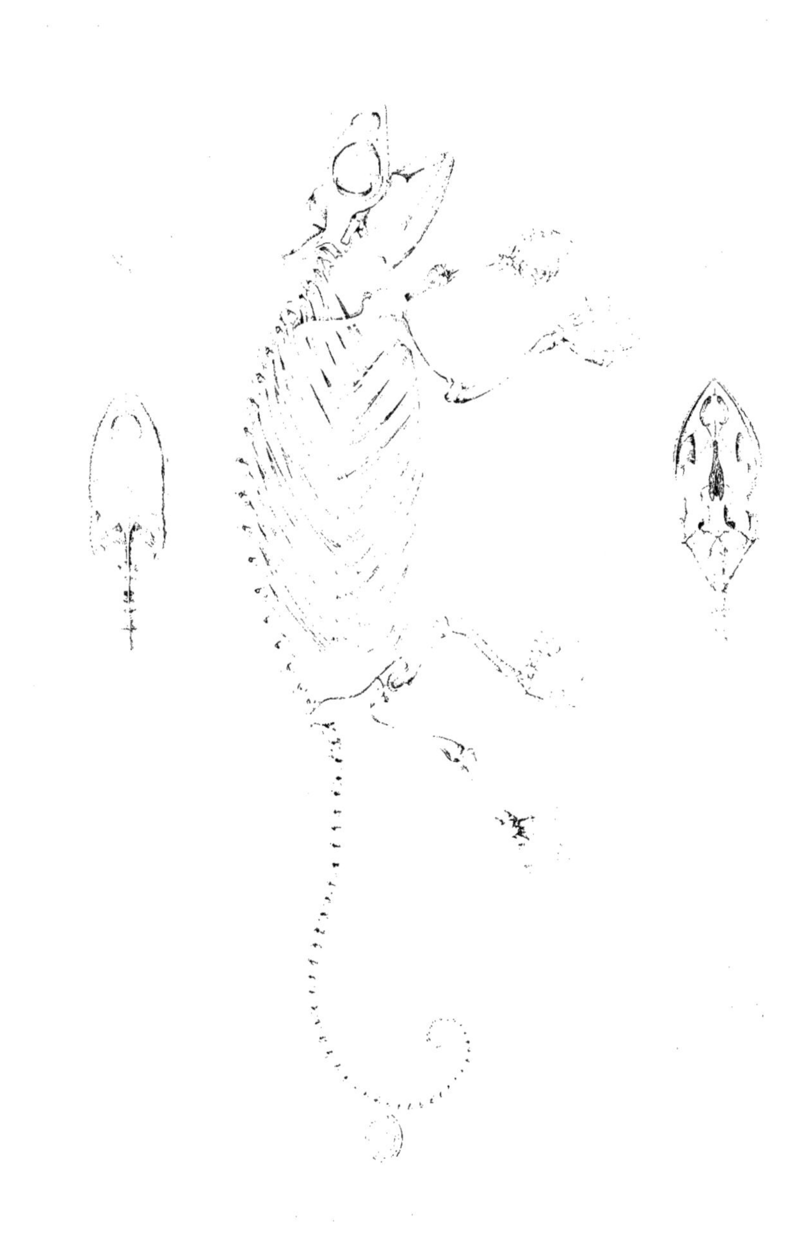

ORDRE DES SAURIENS. *SAURII.*

FAMILLE DES CAMÉLÉONIDES. *CHAMÆLEONIDÆ.*

GENRE CAMÉLÉON. *CHAMÆLEO.* LINNÉ.

SYSTÈME OSSEUX. (CHAMÆLEO AFRICANUS. Gmelin. Le CAMÉLÉON COMMUN.)

FIG. 1. Tête dont les os du côté droit ont été désarticulés, vue de profil. — *a*, frontal. — *b*, pariétal. — *c*, temporal. — *d*, mastoïdien. — *e*, occipital supérieur. — *e'*, occipitaux latéraux. — *f*, rocher. — *g*, nasal. — *h*, maxillaire supérieur. — *l*, jugal. — *n*, palatin. — *o*, ptérygoïdien. — *p*, extrémité de l'os transverse.

FIG. 2. Portion supérieure du crâne. — *a*, frontal. — *b*, pariétal.

FIG. 3. Frontal antérieur. — FIG. 4. Frontal postérieur. — FIG. 5. Temporal.

FIG. 6. Mastoïdien.

FIG. 7. Partie postérieure du crâne. — *e*, occipital supérieur. — *e'e'*, occipitaux latéraux. — *e''*, occipital inférieur. — *f*, rocher.

FIG. 8. La même partie vue de profil avec les mêmes lettres. — *g*, sphénoïde.

FIG. 9. Occipital supérieur isolé vu de côté.

FIG. 10. Occipital latéral vu de côté.

FIG. 11. Occipital inférieur vu en dessous. — 11', le même vu de côté.

FIG. 12. Rocher vu de côté.

FIG. 13. Sphénoïde vu en dessous.

FIG. 14. Nasal vu en dessus.

FIG. 15. Maxillaire supérieur vu de côté.

FIG. 16. Maxillaire et jugal vus en dessus. — *h*, maxillaire. — *l*, jugal.

FIG. 17. Intermaxillaire vu en dessus.

FIG. 18. Lacrymal.

FIG. 19. Jugal.

FIG. 20. Vomer vu en dessus.

FIG. 21. Os transverse.

FIG. 22. Tête de profil pour montrer la cloison inter-orbitaire.

FIG. 23. Maxillaire inférieur. — 23 *a*, dentaire. — *b*, complémentaire. — 23', surangulaire. — 23'', articulaire. — 23''', angulaire.

FIG. 24. Coupe verticale du maxillaire inférieur pour montrer l'implantation et la structure des dents. — 24', portion plus grossie d'une de ces dents. — 24'', coupe transversale.

FIG. 25. Première vertèbre cervicale, ou l'atlas, vue en dessous.

FIG. 26. Portion inférieure de la deuxième vertèbre cervicale.

FIG. 27. Vertèbre dorsale vue de profil. — 27', vue par devant. — 27'', vue par derrière.

FIG. 28. Coupe verticale d'une apophyse vertébrale.

FIG. 29. Sternum. — *a*, sternum. — *b*, coracoïdien. — *c*, omoplate. — *d*, épiphyse cartilagineuse.

FIG. 30. Bassin. — *a*, ilion. — *b*, pubis. — *c*, ischion. — *d*, fémur.

FIG. 31. Coupe transversale de la tête de l'humérus.

FIG. 32. Coupe transversale de la partie moyenne de l'humérus.

FIG. 33. Coupe longitudinale de la même partie.

ORDRE DES SAURIENS. *SAURII.*

FAMILLE DES CAMÉLÉONIDES. *CHAMÆLEONIDÆ.*

GENRE CAMÉLÉON. *CHAMÆLEO.* LAURENTI.

SYSTÈME MUSCULAIRE. — (CHAMÆLEO AFRICANUS Gmelin. — Le Caméléon commun. — LACERTA CHAMÆLEO Linné).

Cette figure est destinée à montrer l'ensemble des muscles superficiels.

1, Muscle temporal. — 2, M. digastrique de la mâchoire. — 3, M. ptérygoïdien. — 4, M. hyo-maxillaire. — 5, M. mylo-hyoïdien. — 6, M. génio-hyoïdien interne. — 7, M. génio-hyoïdien externe. — 8, M. sterno-hyoïdien externe. — 9, M. sterno-hyoïdien interne. — 10, M. splenius de la tête. — 11, M. trachélomastoïdien. — 12, M. trapèze. — 13, M. grand dorsal. — 14, M. deltoïde. — 15, M. coraco-brachial. — 16, M. biceps brachial. — 17, M. triceps brachial. — 18, M. extenseur des doigts. — 19, M. palmaire. — 20, M. interosseux. — 21, M. grand oblique. — 22, M. grand fessier. — 23, M. biceps crural. — 24, M. triceps crural. — 25, M. jambier antérieur. — 26, M. jambier postérieur. — 27, M. péronier. — 28, M. plantaire. — 29, M. extenseurs de la queue. — 30, M. fléchisseur de la queue.

ORDRE DES SAURIENS. *SAURII.*

FAMILLE DES VARANIDES. *VARANIDÆ.*

GENRE VARAN. *VARANUS.* MERREM.

SYSTÈME OSSEUX. — VARANUS ÆGYPTIUS. — (*Lacerta ægyptia Hasselq.* — *Varanus arenarius* Dumér. et Bibron), — d'Égypte.

Squelette réduit d'un tiers, vu de profil (1).

a. frontal. — *a'*, frontal antérieur. — *a''*, frontal postérieur. — *b*, pariétal. — *c*, temporal. — *d*, mastoïdien. — *e*, occipital supérieur. — *e'*, occipitaux latéraux. — *e''*, occipital inférieur. — *f*, rocher. — *g*, os nasaux. — *h*, maxillaire supérieur. — *i*, intermaxillaire. — *k*, lacrymal. — *l*, jugal. — *n*, os palatins. — *o*, ptérygoïdiens. — *p*, os transverse (de Cuvier). — *q*, sphénoïde. — *r*, tympanique. — *s*, maxillaire inférieur. — *t*, osselet. — *x*, columelle.

1, sternum. — 1*, os antérieur. — 1', os coracoïdien. — 1'*, apophyse coracoïdienne. — 1'**, os cartilagineux. — 1'', omoplate. — 1''*, clavicule. — 2, humérus. — 2', cubitus. 2'', radius. — 3, os du carpe. — 3', os du métacarpe, suivis des phalanges digitales. — 4, ilion — 5, pubis. — 6, ischion. — 7, fémur. — 8, tibia. — 8', péroné. — 9, os du tarse. — 9', os du métatarse, suivis des phalanges digitales.

(1) Ce dessin a été exécuté d'après un squelette de la collection d'Anatomie comparée du Muséum d'histoire naturelle de Paris.

ORDRE DES SAURIENS. *SAURII.*

FAMILLE DES VARANIDES. *VARANIDÆ.*

GENRE VARAN. *VARANUS.* MERREM.

SYSTÈME OSSEUX. — VARANUS AEGYPTIUS. — (*Lacerta ægyptia Hasselq.* — *Varanus arenarius* Duméril et Bibron), — d'Égypte.

FIG. 1. Tête de grandeur naturelle vue en dessus.

a, frontal. — *a'*, frontal antérieur. — *a''*, frontal postérieur. — *b*, pariétal. — *c*, temporal. — *d*, mastoïdien. — *e*, occipital supérieur. — *e'*, occipitaux latéraux. — *e''*, occipital inférieur. — *f*, rocher. — *g*, os nasaux. — *h*, maxillaire supérieur. — *i*, intermaxillaire. — *k*, lacrymal. — *l*, jugal. — *n*, os palatins. — *o*, ptérygoïdiens. — *p*, os transverse (de Cuvier). — *q*, sphénoïde. — *r*, tympanique. — *s*, maxillaire inférieur. — *t*, osselet. — *x*, columelle.

FIG. 2. Tête vue en dessous avec les mêmes lettres que pour la figure 1.

FIG. 3. Maxillaire inférieur vu en dehors.

a, dentaire. — *b*, complémentaire. — *c*, surangulaire. — *d*, articulaire. — *e*, angulaire. — *f*, complémentaire.

FIG. 4. Maxillaire inférieur vu en dedans avec les mêmes lettres que pour la figure 3.

FIG. 5. Sternum et bassin vus en dessous.

Sternum. — *a*, grand os sternal. — *a'*, os antérieur. — *b*, coracoïdien. — *b'*, os cartilagineux. — *c*, omoplate. — *c'*, clavicule. — *d*, humérus. — *e*, colonne vertébrale.

Bassin. — *f*, ilion. — *g*, pubis. — *h*, ischion.

FIG. 6. Membre antérieur.

a, cubitus. — *b*, radius. — *c*, *d*, os du carpe. — *e*, os métacarpiens. — *f*, premières phalanges des doigts.

FIG. 7. Membre postérieur.

a, tibia, *b*, péroné. — *c*, *d*, os du tarse. — *d*, os central. — *e*, os métacarpiens. — *f*, premières phalanges des doigts.

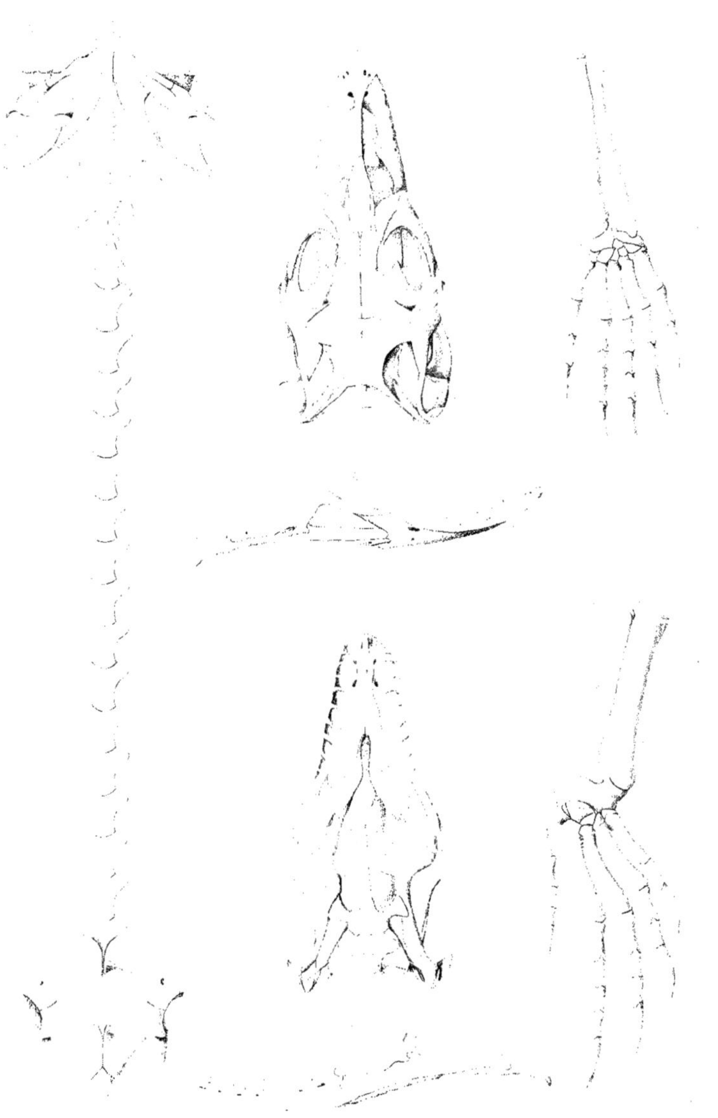

ORDRE DES SAURIENS. *SAURII.*

FAMILLE DES VARANIDES. *VARANIDÆ.*

GENRE VARAN. *VARANUS.* MERREM.

SYSTÈME TÉGUMENTAIRE.— VARANUS ÆGYPTIUS.—(*Lacerta Ægyptia* Hasselq.—*Varanus arenarius* Dumér. et Bibron), — d'Égypte.

FIG. 1. Tête suivie d'une portion du cou, de grandeur naturelle, vue en dessus, montrant la disposition des scutelles dont elle est revêtue.
a, orifice de l'organe auditif.

FIG. 2. Tête vue en dessous.
a, mâchoire inférieure. — *b*, bord de la mâchoire supérieure.

FIG. 3. Œil et portion latérale de la tête.

FIG. 4. Partie postérieure du corps, de grandeur naturelle, vue en dessous.
a, orifice anal. — *b*, origine des cuisses. — *c*, origine de la queue.

FIG. 5. Patte antérieure du côté droit, vue en dessus.

FIG. 6. La même vue en dessous.

FIG. 7. Scutelles de la région dorsale, grossies 12 diamètres.
a, plaque centrale. — *b*, plaques marginales.

FIG. 8. Scutelles de la région sternale.

FIG. 9. Scutelles de la région ventrale.

FIG. 10. Scutelles de la paume de la patte antérieure, grossies comme les précédentes, 12 diamètres.

FIG. 11. Portion épidermique d'une scutelle ventrale, grossie 250 diamètres, montrant les canaux marginaux *a a* et les canalicules transverses *b*.

FIG. 12. Portion spongieuse de la même scutelle *a* avec le même tissu fibreux dont elle est revêtue *b*.

FIG. 13. Portion épidermique d'une scutelle de la tête, grossie 400 diamètres.

FIG. 14. Fragment de la peau, grossi environ 80 diamètres.
a, faisceaux fibreux longitudinaux. — *b*, fibres transversales profondes. — *c*, fibres transversales superficielles.

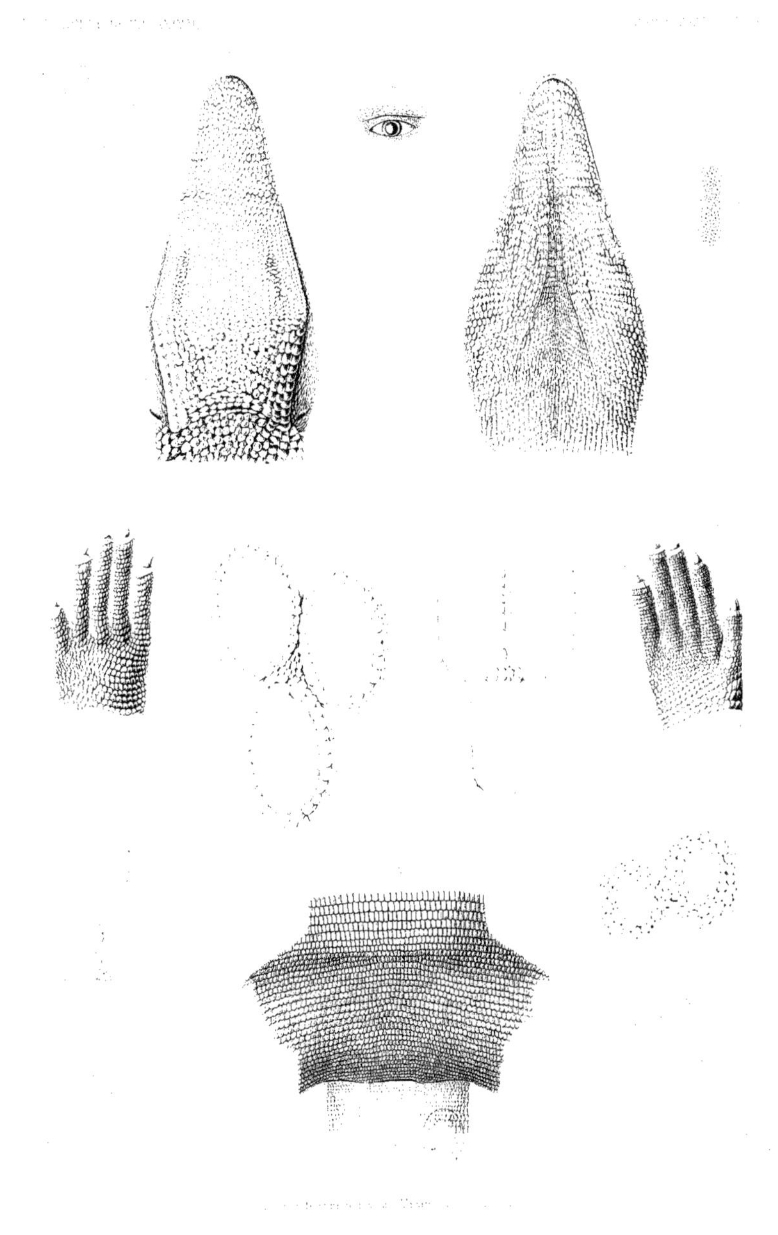

ORDRE DES SAURIENS. *SAURII.*

FAMILLE DES PHRYNOSOMIDES. *PHRYNOSOMIDÆ.*

GENRE PHRYNOSOME. *PHRYNOSOMA.* WIEGMANN.

SYSTÈME OSSEUX. — (PHRYNOSOMA CORNUTA. — AGAMA CORNUTA Harlan. — PHRYNOSOMA HARLANII Wiegmann.

FIG. 1. Squelette grossi au double, vu de profil.

a, frontal. — *a'*, frontal antérieur. — *a''*, frontal postérieur. — *b*, pariétal. — *c*, temporal. — *d*, mastoïdien. — *e*, occipital supérieur. — *e'*, occipitaux latéraux. — *e''*, occipital inférieur. *f*, rocher. — *g*, os nasaux. — *h*, maxillaires supérieurs. — *i*, intermaxillaire. — *k*, lacrymal. — *l*, jugal. — *m*, vomer. — *n*, os palatins. — *o*, ptérygoïdiens. — *p*, os transverse (de Cuvier). *q*, sphénoïde. — *r*, tympanique. — *s*, maxillaire inférieur. — *t*, osselet.

1, le sternum. — 1*, os antérieur. — 1', le coracoïdien. — 1'*, apophyse coracoïdienne antérieure. — 1'**, apophyse coracoïdienne postérieure. — 1'', l'omoplate. — 2, l'humérus. — 2', le cubitus. — 2'', le radius. — 3, les os du carpe. — 3', les os du métacarpe, suivis des phalanges digitales — 4, ilion. — 5, pubis. — 6, ischion. — 7, fémur. — 8, tibia. — 8', péroné.

FIG. 2. Tête vue en dessus, avec les mêmes lettres que pour la figure 1.

FIG. 3. Tête vue en dessous, avec les mêmes lettres que pour les figures 1 et 2.

FIG. 4. Tête vue par derrière, avec les mêmes lettres que pour les figures précédentes.

FIG. 5. Portion de la tête isolée vue en dedans et de profil, avec les mêmes lettres que pour les figures précédentes.

FIG. 6. Os mastoïdien isolé vu de profil.

FIG. 7. Maxillaire inférieur dont les différents os ont été séparés. — *a*, dentaire. — *b*, complémentaire. — *c*, surangulaire. — *d*, articulaire. — *e*, angulaire. — *f*, operculaire.

FIG. 8. Atlas.

FIG. 9. Os hyoïde vu de face. — *a*, corps. — *b*, cornes antérieures. — *c*, cornes inférieures. — *d*, portion de la trachée-artère.

FIG. 10. Sternum et bassin vus en dessous.

a, sternum. — *a'*, os antérieur. — *b*, coracoïdien. — *c*, omoplate. — *d*, humérus. — *e*, colonne vertébrale. — Bassin. — *f*, ilion. — *g*, pubis. — *h*, ischion. — *i*, os médien.

FIG. 11. Membre antérieur.

a, cubitus. — *b*, péroné. — *c*, *c'*, *d*, *d'*, os du carpe. — *c'*, os cubital. — *c'*, radial. — *d*, *d'*, os centraux. — *e*, os métacarpiens. — *f*, premières phalanges des doigts. — *g*, ongles.

FIG. 12. Membre postérieur.

a, tibia. — *b*, péroné. — *c*, *c'*, *d*, os du carpe. — *c*, tibial. — *c'*, péronien. — *d*, os central. — *e*, os métacarpiens. — *f*, premières phalanges des doigts. — *g*, ongles.

Ordre des SAURIENS. *SAURII.*

Famille des GECKOTIDES. *GECKOTIDÆ.*

Genre GECKO. *GECKO* Laurenti.

Système osseux. — Gecko mauritanicus Laurenti. — *Platydactylus muralis* Duméril et Bibron, — d'Algérie.

Fig. 1. Squelette de grandeur naturelle, vu de profil.

a, frontal. — *a'*, frontal antérieur. — *a''*, frontal postérieur. — *b*, pariétal. — *c*, temporal. — *d*, mastoïdien. — *e*, occipital supérieur. — *e'*, occipitaux latéraux. — *e''*, occipital inférieur. — *f*, rocher. — *g*, os nasaux. — *h*, maxillaire supérieur. — *i*, intermaxillaire. — *k*, lacrymal. — *l*, jugal. — *m*, vomer. — *n*, os palatins. — *o*, ptérygoïdiens. — *p*, os transverse (de Cuvier). *q*. sphénoïde. — *r*, tympanique. — *s*, maxillaire inférieur. — *t*, osselet. — *x*, columelle.

1, le sternum. — 1*, os antérieur. — 1', le coracoïdien. — 1'*, apophyse coracoïdienne antérieure. — 1'**, apophyse coracoïdienne postérieure. — 1'', l'omoplate. — 2, l'humérus. — 2', le cubitus. — 2'', le radius. — 3, les os du carpe. — 3', les os du métacarpe, suivis des phalanges digitales. — 4, ilion. — 5, pubis. — 6, ischion. — 7, fémur. — 8, tibia. — 8', péroné.

Fig. 2. Tête vue en dessus, avec les mêmes lettres que pour la figure 1.

Fig. 3. Tête vue en dessous, avec les mêmes lettres que pour les figures 1 et 2.

Fig. 4. Maxillaire inférieur vu en dehors.

a, dentaire. — *b*, complémentaire. — *c*, surangulaire. — *d*, articulaire. — *e*, angulaire. — *f*, operculaire.

Fig. 5. Le même vu en dedans, avec les mêmes lettres.

Fig. 6. Os hyoïde vu de face.

a, corps. — *b*, cornes antérieures. — *c*, cornes postérieures.

Fig. 7. Atlas ou première vertèbre cervicale, vu par-devant.

Fig. 8. Axis ou seconde vertèbre cervicale, vu par-devant.

Fig. 9. Vertèbre dorsale, vue en dessus.

Fig. 10. La même vue en dessous.

Fig. 11. Sternum et bassin vus en dessous.

a, grand os sternal. — *a'*, os antérieur. — *b*, coracoïdien. — *c*, omoplate. — *c'*, clavicule. — *d*, humérus. — *e*, colonne vertébrale. — Bassin. — *f*, ilion. — *g*, pubis. — *h*, ischion.

Fig. 12. Membre antérieur.

a, cubitus. — *b*, radius. — *c*, *c'*, *c''*, *d'*, os du carpe. — *c*, pisiforme. — *c'*, os cubital. — *c''*, radial. — *d*, os central. — *e*, os métacarpiens. — *f*, premières phalanges des doigts. — *g*, ongles.

Fig. 13. Membre postérieur.

a, tibia. — *b*, péroné. — *c*, *c'*, *d*, *d'*, os du tarse. — *c*, tibial. — *c'*, péronien. — *d*, *d'*, os central. — *e*, os métacarpiens. — *f*, premières phalanges des doigts. — *g*, ongles.

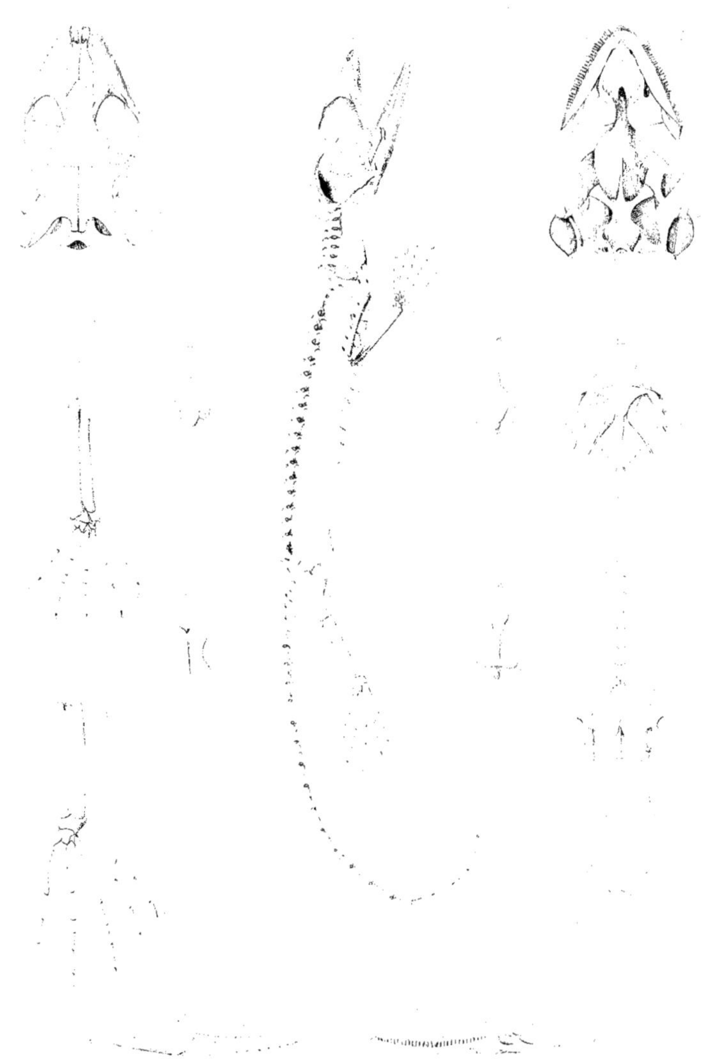

ORDRE DES SAURIENS. *SAURII.*

FAMILLE DES STELLIONIDES. *STELLIONIDÆ.*

GENRE STELLION. *STELLIO.* DAUDIN.

SYSTÈME OSSEUX. — (STELLIO VULGARIS Daudin, — d'Égypte.)

FIG. 1. Squelette de grandeur naturelle, vu de profil.

a, frontal. — *a'*, frontal antérieur. — *a''*, frontal postérieur. — *b*, pariétal. — *c*, temporal. — *d*, mastoïdien. — *e*, occipital supérieur. — *e'*, occipitaux latéraux. — *e''*, occipital inférieur. — *f*, rocher. — *g*, os nasaux. — *h*, maxillaires supérieurs. — *i*, intermaxillaire. — *k*, lacrymal. — *l*, jugal. — *m*, vomer. — *n*, os palatins. — *o*, ptérygoïdiens. — *p*, os transverse (de Cuvier). — *q*, sphénoïde. — *r*, tympanique. — *s*, maxillaire inférieur. — *t*, osselet.

1, le sternum. — 1*, os antérieur. — 1', le coracoïdien. — 1'*, apophyse coracoïdienne antérieure. — 1'**, apophyse coracoïdienne postérieure. — 1'', l'omoplate. — 2, l'humérus. — 2', le cubitus. — 2'', le radius. — 3, les os du carpe. — 3', les os du métacarpe, suivis des phalanges digitales. — 4, ilion. — 4', son épiphyse cartilagineuse. — 5, pubis. — 6, ischion. 7, fémur. — 8, tibia. — 8', péroné.

FIG. 2. Tête vue en dessus, avec les mêmes lettres que pour la figure 1.

FIG. 3. Tête vue en dessous, avec les mêmes lettres que pour les figures 1 et 2.

FIG. 4. Maxillaire inférieur dont les différents os ont été séparés. — *a*, dentaire. — *b*, complémentaire. — *c*, surangulaire. — *d*, articulaire. — *e*, angulaire. — *f*, operculaire.

FIG. 5. Os hyoïde vu de face. — *a*, corps. — *b*, cornes antérieures. — *c*, cornes inférieures.

FIG. 6. Sternum et bassin vus en dessous.

a, sternum. — *a'*, os antérieur. — *b*, coracoïdien. — *c*, omoplate. — *d*, humérus. — *e*, colonne vertébrale. — Bassin. — *f*, ilion. — *g*, pubis. — *h*, ischion.

FIG. 7. Membre antérieur.

a, cubitus. — *b*, péroné. — *c*, *c'*, *c''*, *d'*, os du carpe. — *c*, pisiforme. — *c'*, os cubital. — *c''*, radial. — *d*, os central. — *e*, os métacarpiens. — *f*, premières phalanges des doigts. — *g*, ongles.

FIG. 8. Membre postérieur.

a, tibia. — *b*, péroné. — *c*, *c'*, *d*, *d'*, os du carpe. — *c*, tibial. — *c'*, péronien. — *d*, *d'*, os central. — *e*, os métacarpiens. — *f*, premières phalanges des doigts. — *g*, ongles.

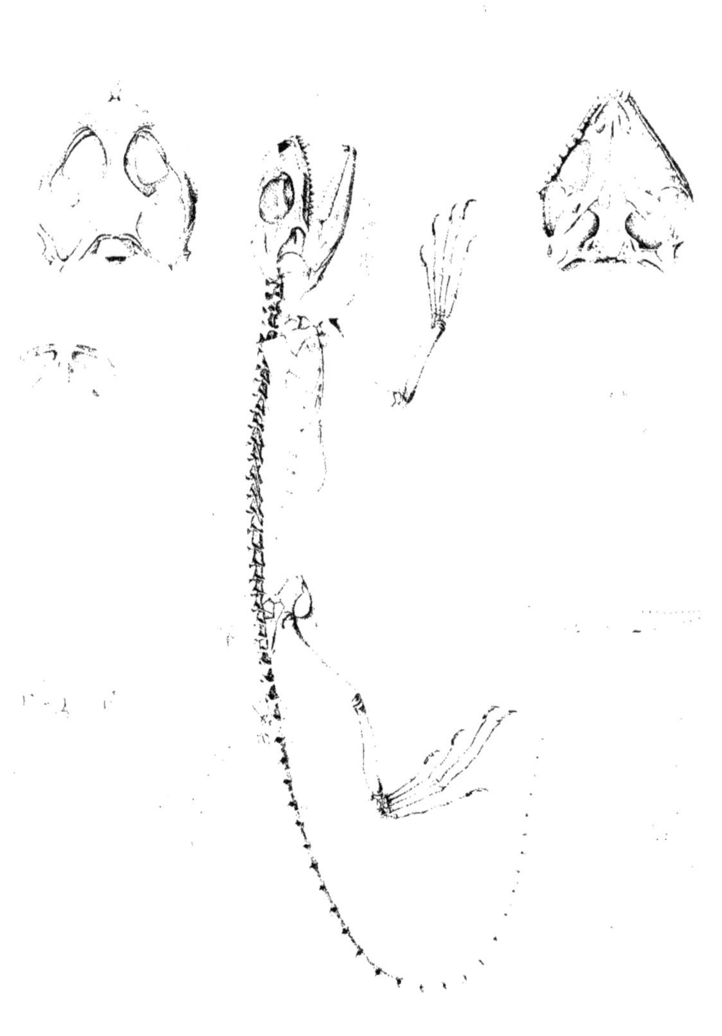

Ordre des SAURIENS. *SAURII.*

Famille des STELLIONIDES. *STELLIONIDÆ.*

Genre STELLION. *STELLIO.* Daudin.

Appareil circulatoire. — (Stellio vulgaris Daudin, — d'Égypte.

L'animal est placé sur le dos et ouvert tout le long de la ligne médiane du corps; les parois sont rejetées sur les côtés, pour mettre en évidence autant que possible tous les organes. La peau des pattes a été fendue et rejetée sur les côtés; le tube digestif a été aussi renversé latéralement, de même que le foie, afin de laisser voir l'aorte dans toute sa longueur; le péritoine a été coupé pour que le trajet des vaisseaux ne soit pas masqué. Les artères ont été injectées en rouge, les veines en bleu.

1, glandes cervicales. — 2, poumon gauche. — 3, foie. — 4, intestin. — 5, anus.

a, cœur. — *a'*, oreillette droite. — *a''*, oreillette gauche. — *b*, carotide droite. — *b'*, carotide gauche. — *c*, sous-clavière droite. — *c'*, sous-clavière gauche. — *d*, artère vertébrale. — *e*, artère mammaire envoyant les rameaux pectoraux. — *f*, artère brachiale. — *g*, artère ulnaire profonde. — *h*, artère radiale. — *h'*, artères digitales. — *i*, artère abdominale. — *k*, artère céliaque. — *k'*, artère rénale. — *l*, artère iliaque interne. — *l'*, artère iliaque externe. — *m*, artère ovarique. — *n*, artère fémorale. — *n'*, artère poplitée. — *o*, artère tibiale. — *o'*, artère péronéale. — *o''*, artère digitale. — *p*, artère caudale. — *q*, veine jugulaire droite. — *q'*, veine jugulaire gauche. — *r*, veine sous-clavière. — *r'*, veine radiale. — *r''*, veines digitales. — *s*, veine cave inférieure. — *t*, veine rénale. — *t'*, veine ovarique. — *u*, veine fémorale. — *u'*, veine tibiale. — *v*, veines digitales. — *x*, veine caudale. — *y*, veines intercostales.

Dans cette figure d'ensemble, il n'a pas été possible d'indiquer chaque partie par une lettre ou un chiffre. Il faut nécessairement se reporter aux détails des planches suivantes.

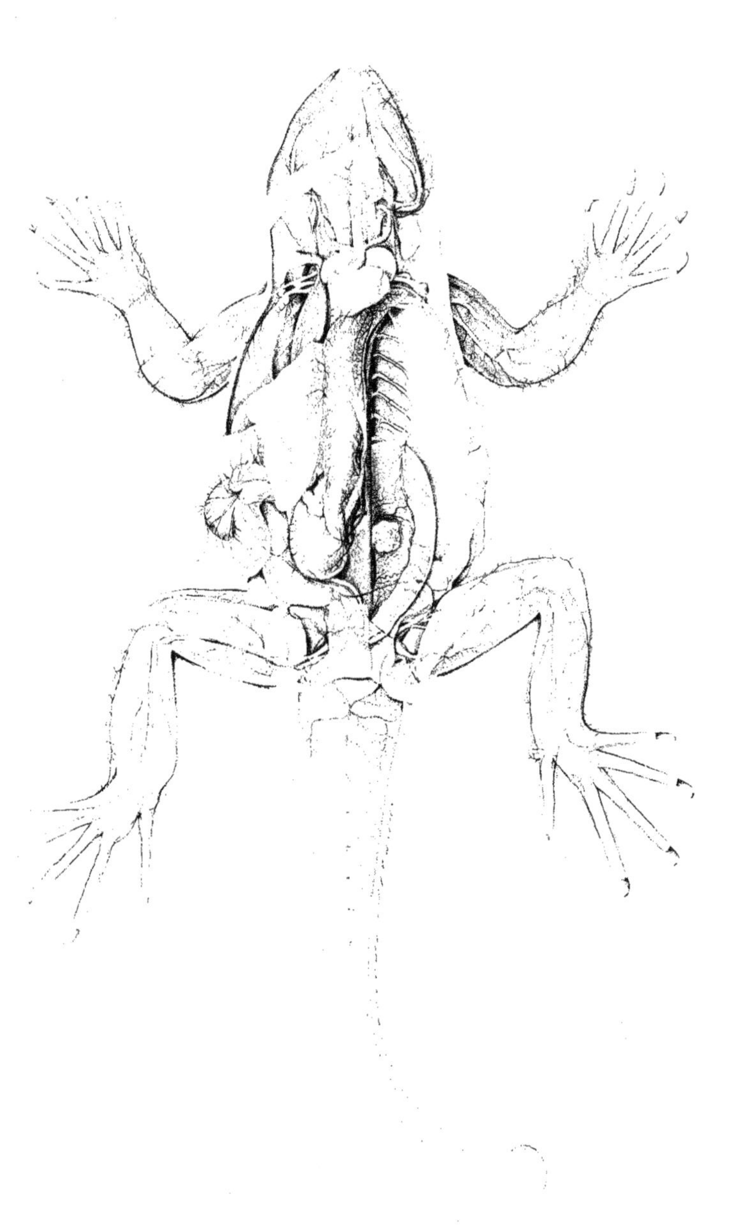

ORDRE DES SAURIENS. *SAURII.*

FAMILLE DES IGUANIDES. *IGUANIDÆ.*

GENRE IGUANE. *IGUANA.* LAURENTI.

SYSTÈME OSSEUX. — (IGUANA TUBERCULATA Laurenti, — de la Guyane.)

FIG. 1. Squelette de moyenne taille, réduit d'un tiers, vu de profil (1).

a, frontal. — *a'*, frontal antérieur. — *a''*, frontal postérieur. — *b*, pariétal. — *c*, temporal. — *d*, mastoïdien. — *e*, occipital supérieur. — *e'*, occipitaux latéraux. — *e''*, occipital inférieur. — *f*, rocher. — *g*, os nasaux. — *h*, maxillaire supérieur. — *i*, intermaxillaire. — *k*, lacrymal. — *l*, jugal. — *n*, os palatins. — *o*, ptérygoïdiens. — *p*, os transverse (de Cuvier). — *q*, sphénoïde. — *r*, tympanique. — *s*, maxillaire inférieur.

Il n'a pas paru nécessaire d'indiquer par des lettres la série des vertèbres. Les cervicales, au nombre de quatre, reconnaissables à l'absence de côtes; viennent ensuite les dorsales, au nombre de quinze, indiquées par les côtes; les lombaires, au nombre de cinq; les sacrées, au nombre de deux, et les caudales.

1, le sternum. — 1', le coracoïdien. — 1'', l'omoplate. — 2, l'humérus. — 2', le cubitus. — 2'', le radius. — 3, les os du carpe. — 3', les os du métacarpe, suivis des phalanges digitales. — 4, ilion. — 5, pubis. — 6, ischion. — 7, fémur. — 8, tibia. — 8, péroné.

(1) Ce dessin a été exécuté d'après un squelette de la collection erpétologique du Muséum d'histoire naturelle de Paris, préparé par M. Séraphin Braconnier.

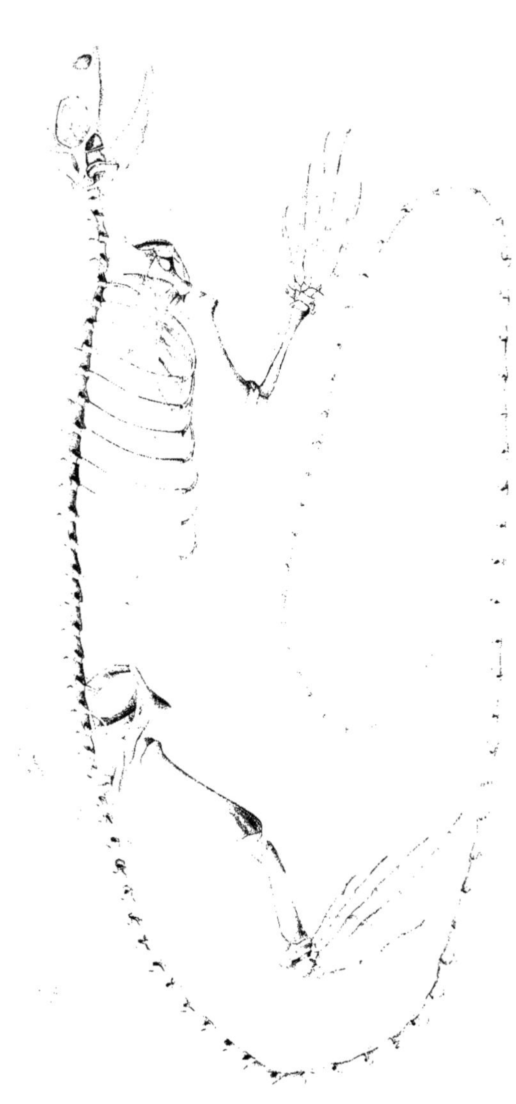

ORDRE DES SAURIENS. *SAURII.*

FAMILLE DES IGUANIDES. *IGUANIDÆ.*

GENRE IGUANE. *IGUANA.* LAURENTI

SYSTÈME OSSEUX. — (IGUANA TUBERCULATA Laurenti, — de la Guyane.)

FIG. 1. Tête de grandeur naturelle vue en dessus.

a, frontal. — *a'*, frontal antérieur. — *a''*, frontal postérieur. — *b*, pariétal. — *c*, temporal. — *d*, mastoïdien. — *e*, occipital supérieur. — *e'*, occipitaux latéraux. — *e''*, occipital inférieur. — *f*, rocher. — *g*, os nasaux. — *h*, maxillaire supérieur. — *i*, intermaxillaire. — *k*, lacrymal. — *l*, jugal. — *n*, os palatins. — *o*, ptérygoïdiens. — *p*, os transverse (de Cuvier). — *q*, sphénoïde. — *r*, tympanique. — *s*, maxillaire inférieur.

FIG. 2. Tête vue en dessous, avec les mêmes lettres que pour la figure 1.

FIG. 3. Maxillaire inférieur vu en dehors.

a, dentaire. — *b*, complémentaire. — *c*, surangulaire. — *d*, articulaire. — *e*, angulaire. — *f*, operculaire.

FIG. 4. Maxillaire inférieur vu en dedans, avec les mêmes lettres que pour la figure 3.

FIG. 5. Dents isolées très-grossies pour montrer exactement la forme de leurs dentelures.

FIG. 6. Coupe verticale d'une dent vue sous un grossissement d'environ 60 diamètres.

FIG. 7. Os hyoïde.

a, corps de l'hyoïde. — *b*, cornes antérieures. — *c*, cornes postérieures.

FIG. 8. Sternum et bassin vus en dessous.

Sternum. — *a*, grand os sternal. — *a'*, os antérieur. — *b*, coracoïdien. — *b'*, os cartilagineux. — *c*, omoplate. — *c'*, clavicule. — *d*, humérus. — *e*, colonne vertébrale.

Bassin. — *f*, ilion. — *g*, pubis. — *h*, ischion.

FIG. 9. Atlas ou première vertèbre cervicale vue par-devant.

FIG. 10. Axis ou deuxième vertèbre cervicale vue par-devant.

FIG. 11. Membre antérieur.

a, cubitus. — *b*, radius. — *c*, *d*, os du carpe. — *e*, os métacarpiens. — *f*, premières phalanges des doigts.

FIG. 12. Membre postérieur.

a, tibia. — *b*, péroné. — *c*, *d*, os du tarse. — *d*, os central. — *e*, os métacarpiens. — *f*, premières phalanges des doigts.

ORDRE DES SAURIENS. *SAURII.*

FAMILLE DES LACERTIDES. *LACERTIDÆ.*

GENRE LÉZARD. *LACERTA.* LINNÉ.

SYSTÈME OSSEUX. — (LACERTA VIRIDIS Linné.)

FIG. 1. Squelette de grandeur naturelle, vu de profil.

a, frontal. — *a'*, frontal antérieur. — *a''*, frontal postérieur. — *b*, pariétal. — *b'*, branches postérieures du pariétal. — *c*, temporal, — *d*, mastoïdien. — *e*, occipital supérieur. — *e'*, occipitaux latéraux. — *e''*, occipital inférieur. — *f*, rocher. — *g*, os nasaux. — *h*, maxillaire supérieur. — *i*, intermaxillaire. — *k*, lacrymal. — *l*, jugal. — *m*, vomer. — *n*, os palatins. — *o*, ptérygoïdiens. — *p*, os transverse (de Cuvier.) — *q*, sphénoïde. — *r*, tympanique. — *s*, maxillaire inférieur. — *t*, osselet. — *x*, columelle. Les plaques osseuses cutanées ont été enlevées.

1, le sternum. — 1*, os antérieur. — 1', le coracoïdien. — 1'*, apophyse coracoïdienne antérieure. — 1'**, apophyse coracoïdienne postérieure. — 1'', l'omoplate. — 2, l'humérus. — 2', le cubitus. — 2'', le radius. — 3, les os du carpe. — 3', les os du métacarpe, suivis des phalanges digitales. — 4, ilion — 4', son épiphyse cartilagineuse. — 5, pubis. — 6, ischion. — 7, fémur. — 8, tibia. — 8', péroné.

FIG. 2. Tête vue de profil, avec les mêmes lettres que pour la figure 1. Les plaques cutanées osseuses ont été conservées.

FIG. 3. Tête vue en dessus, avec les mêmes lettres que pour les figures 1 et 2. Les plaques cutanées osseuses ont été conservées.

FIG. 4. Os hyoïde vu de face. — *a*, corps. — *b*, cornes antérieures. — *c*, cornes postérieures. — *d*, cornes de la troisième paire.

FIG. 5. Os hyoïde vu de profil, avec les mêmes lettres que pour la figure 4.

FIG. 6. Membre antérieur.

a, cubitus. — *b*, radius. — *c*, *c'*, *c''*, *d*, os du carpe. — *c*, pisiforme. — *c'*, os cubital. — *c''*, radial. — *d*, os central. — *e*, os métacarpiens. — *f*, premières phalanges des doigts. — *g*, ongles.

FIG. 7. Membre postérieur.

a, tibia. — *b*, péroné. — *c*, *c'*, *d*, *d'*, os du tarse. — *c*, tibial. — *c'*, péronien. — *d*, *d'*, os centraux. — *e*, os métacarpiens. — *f*, premières phalanges des doigts. — *g*, ongles.

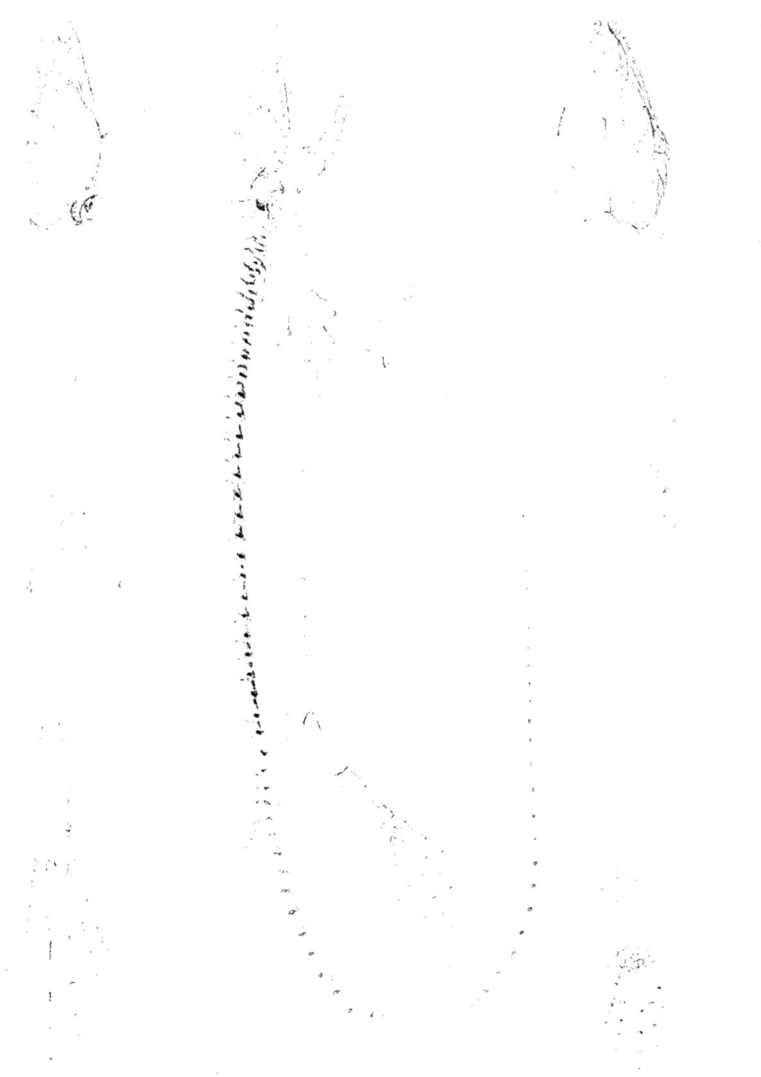

ORDRE DES SAURIENS. *SAURII.*

FAMILLE DES SCINCIDES. *SCINCIDÆ.*

GENRE GONGYLE. *GONGYLUS.* WAGLER.

SYSTÈME TÉGUMENTAIRE (GONGYLUS OCELLATUS. — *Lacerta ocellata* Forskal. — *Scincus ocellatus* Daudin. — De l'Europe méridionale, de l'Algérie, etc.)

FIG. 1. Tête et portion antérieure du corps vues en dessus pour montrer la disposition des plaques céphaliques et des écailles cervicales et dorsales.

FIG. 2. Tête et portion antérieure du corps vues en dessous.

FIG. 3. Tête et portion antérieure du corps vues de profil.

Les lettres suivantes désignent ainsi les plaques et les écailles sur les fig. 1 à 3 :

a, plaque rostrale. — *b*, supéro-nasales. — *c*, internasale. — *d*, frontale. — *e*, interpariétale. — *f*, pariétales. — *g*, susoculaires. — *h*, postoculaires. — *i*, surciliaires. — *k*, nasale. — *l*, fréno-nasale. — *m*, première frénale. — *n*, seconde frénale. — *o*, fréno-orbitaires. — *p*, labiales supérieures. — *q*, squames temporales. — *r*, plaque mentonnière. — *s*, labiales inférieures. — *t*, organe auditif. — *u*, écailles cervicales. — *v*, écailles tergales. — *x*, écailles sternales.

FIG. 4. Partie postérieure du corps vue en dessous.

a, écailles susanales. — *b*, origine des cuisses. — *c*, origine de la queue.

FIG. 5. Patte antérieure du côté droit vue en dessus.

FIG. 6. La même, vue en dessous, montrant les squames vésiculeuses de la paume *a*.

FIG. 7. Portion de la plaque frontale grossie environ 300 diamètres, montrant ses canalicules anastomosés.

FIG. 8. Portion de la plaque rostrale grossie environ 150 diamètres.

FIG. 9. Écaille de la région dorsale, revêtue de sa gaîne, grossie 12 diamètres.

a, canaux aérifères. — *b*, espaces lacuneux intermembranulaires.

FIG. 10. Écaille de la région dorsale vue au même grossissement que la précédente.

a, canaux aérifères. — *b*, espaces lacuneux. — *c*, bord supérieur de la gaîne.

FIG. 11. Portion d'une écaille grossie environ 300 diamètres.

a, extrémité antérieure de l'un des canaux aérifères. — *b*, corpuscules osseux.

FIG. 12. Enveloppe ou gaîne épidermique d'une écaille isolée, grossie 12 diamètres.

FIG. 13. Portion de cette gaîne sous un grossissement de 300 à 350 diamètres.

FIG. 14. Écaille susanale séparée de sa gaîne, grossie 12 diamètres.

a, *a*, conduits aérifères. — *b*, espaces lacuneux. — *c*, portion montrant la séparation des lames.

FIG. 15. Peau écailleuse très-grossie, vue par sa face interne.

FIG. 16. Quelques-unes des squames vésiculeuses de la patte antérieure, très-grossies.

FIG. 17. Portion de la peau grossie environ 150 diamètres, montrant la couche de fibres transversales *a*, la couche de fibres longitudinales *b*, et les utricules *c*, dont la sécrétion forme les écailles.

ORDRE DES SAURIENS. *SAURII.*

FAMILLE DES SCINCIDES. *SCINCIDÆ.*

GENRE GONGYLE. *GONGYLUS.* WAGLER.

SYSTÈME NERVEUX (GONGYLUS OCELLATUS. — *Lacerta ocellata* Forskal. — *Scincus ocellatus* Daudin). De l'Europe méridionale, de l'Algérie, etc.

Cette figure est destinée à montrer principalement les nerfs pneumogastriques et la plus grande partie du grand sympathique.

L'animal est placé sur le dos et ouvert tout le long de la ligne médiane du corps; les parois sont rabattues sur les côtés, de façon à mettre en évidence, autant que possible, tous les organes; la peau des pattes a été en partie coupée, afin de montrer le trajet des nerfs qui les parcourent. Le tube digestif a été un peu repoussé d'un côté, ainsi que les poumons, pour permettre de voir l'aorte dans toute sa longueur et la chaîne ganglionnaire que forme le grand sympathique. Dans le but de rendre apparents les rapports des nerfs avec les vaisseaux, on a représenté les principaux troncs artériels en rouge et les principaux troncs veineux en bleu.

1, bord du maxillaire inférieur. — 2, os hyoïde. — 3, cœur. — 4, poumons. — 5, foie. — 6, intestin. — 7, orifice anal.

a, nerf glossopharyngien. — *b*, pneumogastrique. — *c*, grand hypoglosse. — *d*, plexus brachial. — *e*, *e*, nerfs spinaux. — *f*, plexus sciatique. — *g*, *g*, nerf grand sympathique. — *h*, portion caudale du grand sympathique.

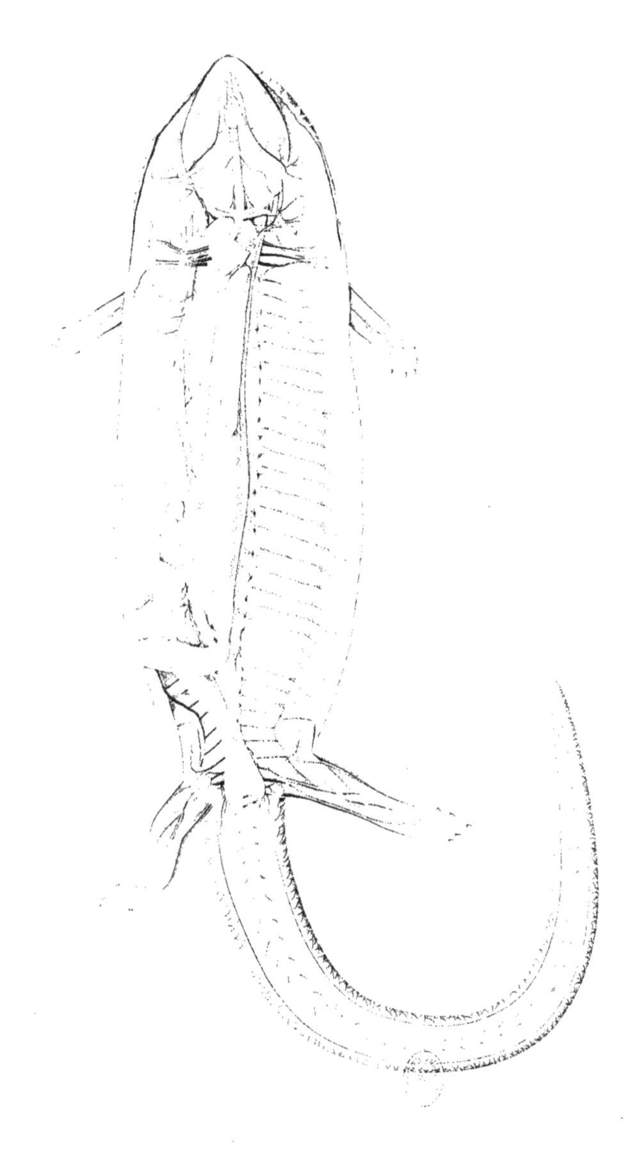

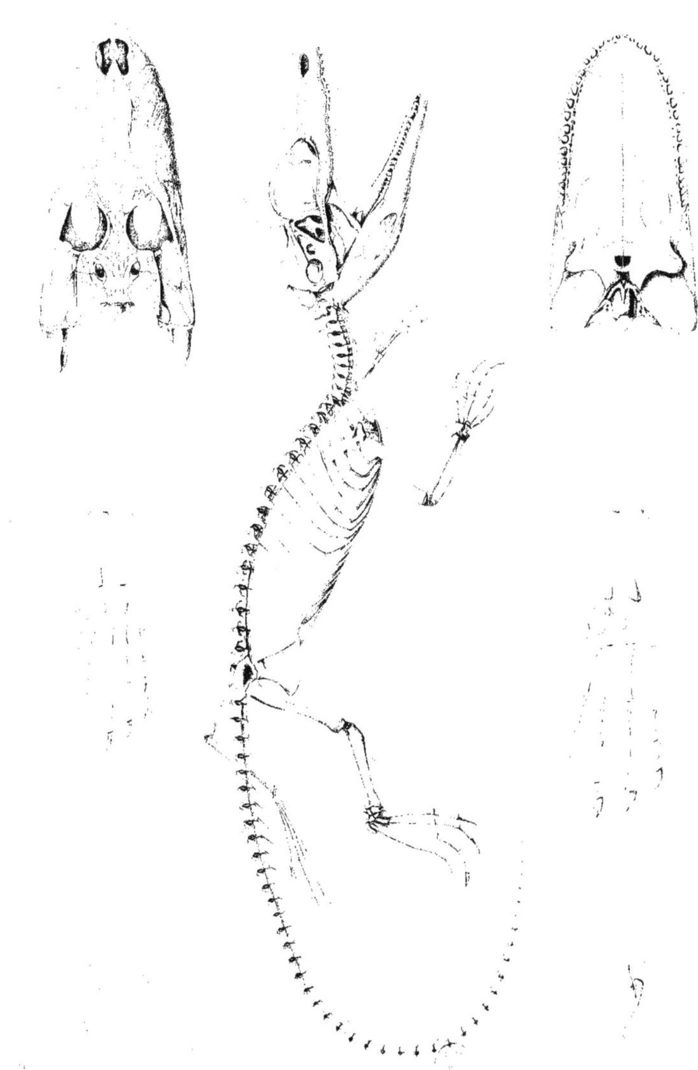

ORDRE DES CHÉLONIENS. *CHELONII.*

FAMILLE DES TESTUDIDES. *TESTUDIDÆ.*

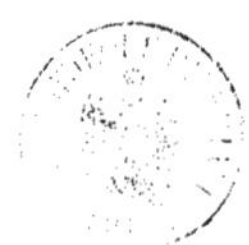

GENRE TORTUE. *TESTUDO.* LINNÉ.

SYSTÈME OSSEUX. — TESTUDO IBERA Pallas. — (*Testudo mauritanica* Dumér. et Bibron), — la *Tortue mauresque* d'Algérie.

FIG. 1. Squelette de grandeur naturelle, vu en dessous, le plastron sternal ayant été enlevé.

1, tête. — *d*, mastoïdien. — *e*, occipital. — *h*, maxillaire supérieur. — *i*, intermaxillaire. — *o*, ptérygoïdiens. — *p*, os transverse. — *r*, tympanique. — *s*, maxillaire inférieur. — 2, première vertèbre cervicale ou atlas. — 3, sternum. — 3', coracoïdien. — 3'', omoplate. — 3''', clavicule. — 4, humérus. — 4', cubitus. — 4'', radius. — 5, os du carpe. — 5', os du métacarpe, suivis des phalanges digitales. — 6, bassin. — 6', pubis. — 6'', ischion. — 7, fémur. — 8, tibia. — 8', péroné. — 9, os du tarse. — 9', os du métatarse, suivis des phalanges digitales. — 10, 10', pièces vertébrales du bouclier supérieur. — 11, pièces médianes. — 12 pièces marginales.

FIG. 2. Os hyoïde vu de face.

a, corps. — *b*, cornes antérieures. — *c*, cornes postérieures.

FIG. 3. Os hyoïde vu de profil.

FIG. 4. Os de la langue.

Voyez la planche II pour les détails.

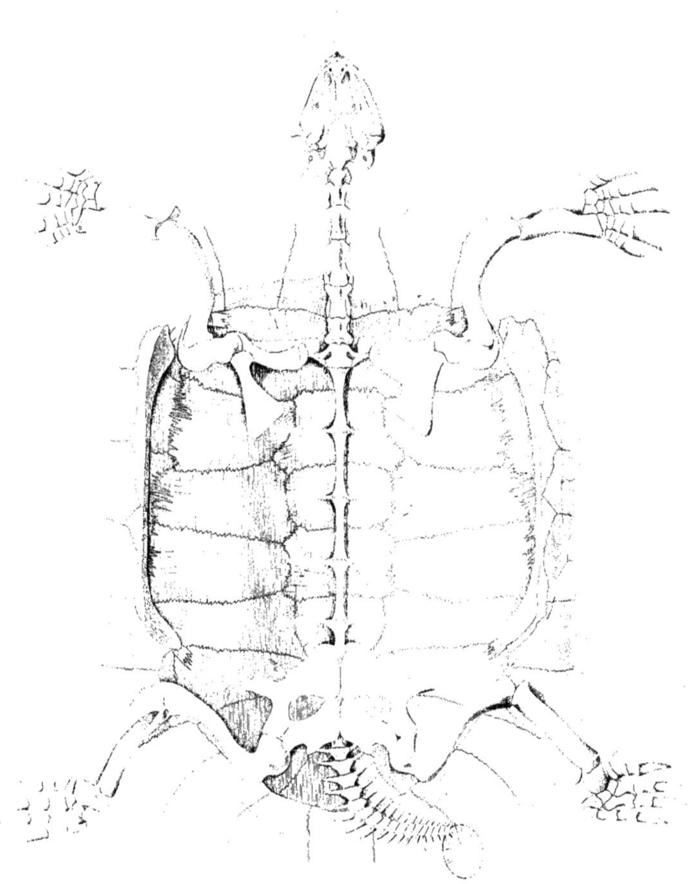

ORDRE DES CHÉLONIENS. *CHELONII.*

FAMILLE DES TESTUDIDES. *TESTUDIDÆ.*

GENRE TORTUE. *TESTUDO.* LINNÉ.

SYSTÈME OSSEUX. — TESTUDO IBERA Pallas. — (*Testudo mauritanica* Dumér. et Bibron), — la *Tortue mauresque* d'Algérie.

FIG. 1. Tête vue en dessus.

a, frontaux. — *a'*, frontaux antérieurs. — *a''*, frontaux postérieurs. — *b*, pariétaux. — *c*, temporal. — *d*, mastoïdien. — *e*, occipital supérieur. — *e'*, occipitaux latéraux. — *e''*, occipitaux externes. — *e'''*, occipital inférieur. — *f*, rocher. — *h*, maxillaire supérieur. — *i*, intermaxillaires. — *k*, lacrymal. — *l*, jugal. — *m*, vomer. — *n*, os palatins. — *o*, ptérygoïdiens. — *p*, os transverse (de Cuvier). — *q*, sphénoïde. — *r*, tympanique. — *r'*. facette articulaire du tympanique. — *s*, maxillaire inférieur. — *t*, osselet.

FIG. 2. Tête vue de profil, avec les mêmes lettres que pour la figure 1.

FIG. 3. Tête vue en dessus, avec les mêmes lettres que pour les figures 1 et 2.

FIG. 4. Tête vue par sa face occipitale, avec les mêmes lettres que pour les figures précédentes.

FIG. 5. Maxillaire inférieur vu en dehors.

a, dentaire. — *b*, complémentaire. — *c*, surangulaire. — *d*, articulaire. — *e*, angulaire. — *f*, operculaire.

FIG. 6. Maxillaire inférieur vu en dedans avec les mêmes lettres que pour la figure 5.

FIG. 7. Plastron sternal détaché du squelette (pl. 1) vu en dedans.

a, première paire de pièces. — *b*, seconde paire. — *c*, troisième paire. — *d*, quatrième paire. — *e*, pièce impaire.

FIG. 8. Membre antérieur.

a, cubitus. — *b*, radius. — *c*, *c'*, os du carpe du premier rang. — *c''*, pisiforme. — *d*, os du carpe du second rang. — *e*, os métacarpiens. — *f*, premières phalanges des doigts. — *g*, ongles.

FIG. 9. Membre postérieur.

a, tibia. — *b*, péroné. — *c*, astragale. — *c'*, calcaneum. — *d*, *d'*, os centraux. — *e*, *e'*, os métacarpiens. — *f*, premières phalanges des doigts. — *g*, ongles.

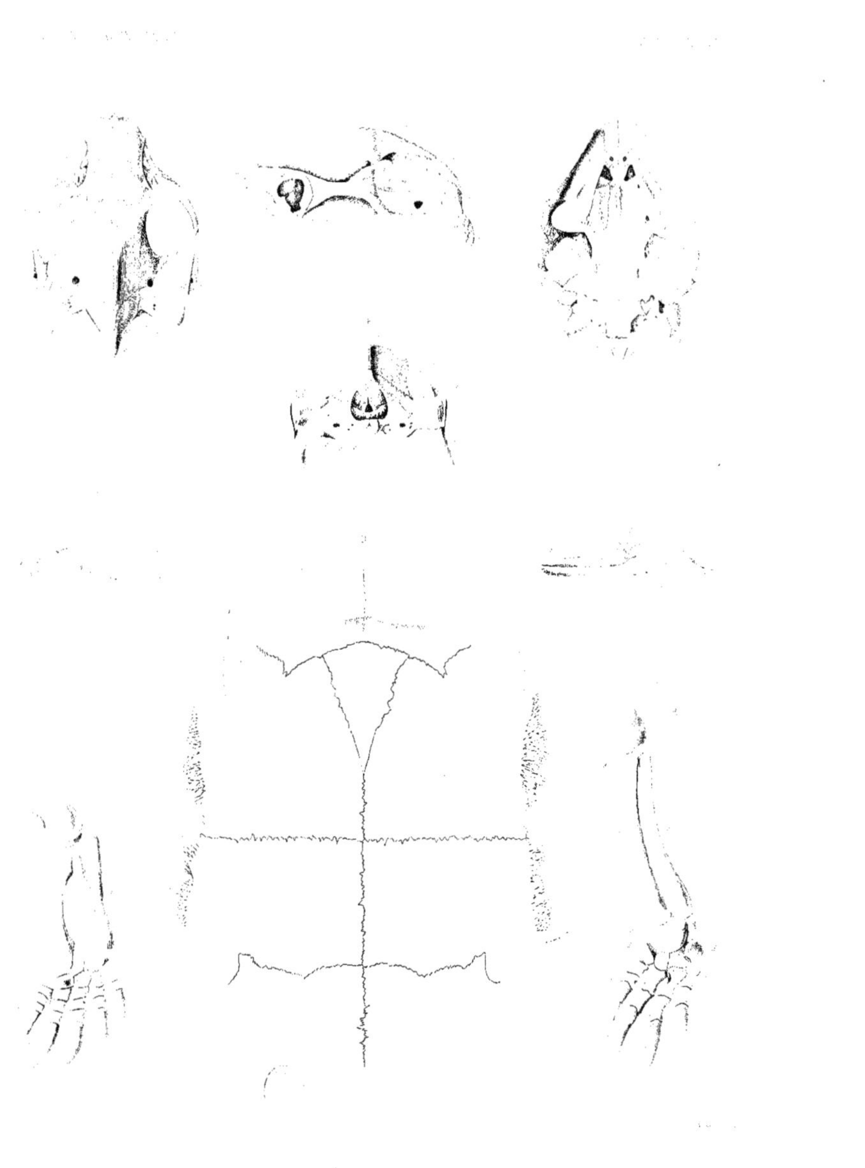

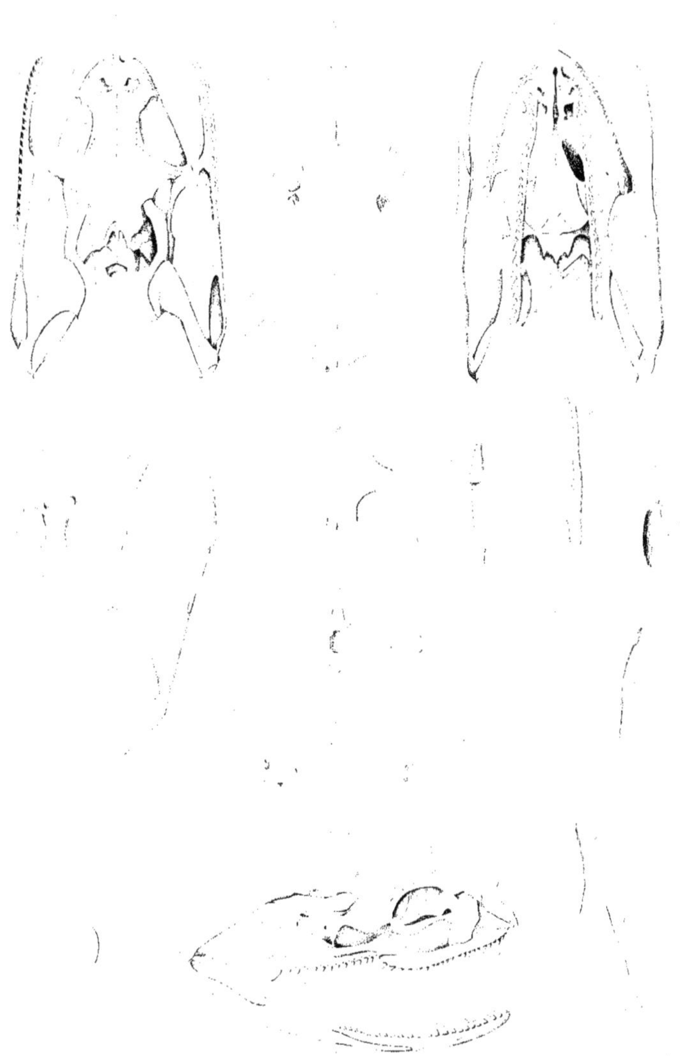

ORDRE DES PTÉROSAURIENS. *PTEROSAURII.*

FAMILLE DES PTÉRODACTYLIDES. *PTERODACTYLIDÆ.*

GENRE PTÉRODACTYLE. *PTERODACTYLUS.* CUVIER.

SYSTÈME OSSEUX. — (PTERODACTYLUS CRASSIROSTRIS. Goldfuss.) — Des schistes ou pierres lithographiques de Solenhofen.

Squelette de grandeur naturelle.

a, frontal. — *a'*, frontal antérieur. — *a''*, frontal postérieur. — *b*, pariétal. — *c*, temporal. — *d*, mastoïdien. — *e*, occipital supérieur. — *f*, rocher. — *g*, os nasaux. — *h*, maxillaires supérieurs. — *i*, intermaxillaire. — *k*, lacrymal. — *l*, jugal. — *m*, vomer. — *n*, os palatins. — *o*, ptérygoïdiens. — *p*, os transverse (de Cuvier). — *q*, sphénoïde. — *r*, tympanique. — *s*, maxillaire inférieur. — *z*, cloison interorbitaire. — *x*, os hyoïde.

1, le sternum. — 1', le coracoïdien. — 1'', l'omoplate. — 2, l'humérus. — 2', le cubitus. — 2'', le radius. — 3, les os du carpe. — 3', métacarpien du pouce. — 3'*, métacarpien des doigts. — 3''*, métacarpien du doigt externe. — 3''' phalanges digitales. — 3'''* doigt externe. — 4, ilion. — 5, pubis. — 6, ischion. — 7, fémur. — 8, tibia. — 8', péroné.

Cette figure a été faite d'après la pièce originale conservée dans le Musée de l'Université de Bonn.

www.ingramcontent.com/pod-product-compliance
Ingram Content Group UK Ltd.
Pitfield, Milton Keynes, MK11 3LW, UK
UKHW020605180726
13838UKWH00001B/438